しくみ図解

道路が一番わかる

◆道路の構造・工法が手に取るように理解できる◆

窪田陽一 ——監修

技術評論社

はじめに

　道路を使わずに日々の暮らしを送ることができる人はまずいないでしょう。たとえ自分自身が使わないときがあるとしても、生活に必要な物資やサービスの多くは道路を通ってあなたのもとに届けられます。自宅から一歩も出ずにインターネットでショッピングをし、配送会社が商品を届けてくれるのも、確実に通行できる道路があるからこそ可能なのです。

　この本は、道路に興味を持ち、知識を増やしたいと思う一般の方々を読者に想定して、道路に関する基本的な知識の手がかりを得ることができるように編集したものです。

　この本の各章は、個々に専門の解説書が出ているぐらいの範囲について、思い切って要点を絞り、それぞれの分野を専門とする執筆陣が解説を担当しています。もし記載事項に漏れがないように完璧な専門書としてこの本を構成すると、何巻にも及ぶ全集や分厚い事典になるでしょう。道路は多岐に渡る事柄が絡み合ってできているのです。

　この本はあくまで入り口です。「道路が一番わかる」ようになるための入門書です。道路をさらに深く知るためには、歴史を知り、法律や制度を知り、設計基準を知り、構造物の作り方を知り、工事の仕方を知る、というように、さまざまな専門知識を積み重ねることが必要になります。道路を総合的に見る糸口としてこの本を活用していただき、必要な道路を適切に整備し、また保全していくための理解を深めていただければと思います。

　記載内容については、十分確認したつもりですが、とても広い範囲をカバーする内容構成になっていますので、誤りや説明不足などお気づきの点がありましたらご指摘いただき、今後の参考にさせていただければ幸いです。

　　　　　　　　　　　　　　　　　　執筆者を代表して　窪田陽一

道路が一番わかる 目次

はじめに…………………3
もくじ……………………4

第1章 道路とは何か…………9

1　人のくらしと道路……………10
2　道路の起源と歴史……………12
3　近代日本の道路整備…………16
4　道路の種類と法体系…………18
5　目的別の道路…………………22
6　都市計画と道路………………24
7　道路整備の効果………………28

第2章 道路をつくる…………31

1　道路ができるまで……………32
2　道路交通計画の流れ…………34
3　道路事業の環境影響評価……38
4　市民の参加……………………42
5　道路事業の執行………………46
6　道路の改良……………………48
7　連続立体交差事業……………50

CONTENTS

第3章 道路の設計……53

1 道路設計のプロセス……54
2 道路の横断面構成と幅員……56
3 道路構造の計画……58
4 線形設計の考え方……60
5 平面線形の設計……62
6 縦断線形の設計……64
7 平面線形と縦断線形の組み合わせ……66
8 交差点の設計……68
9 立体交差の設計……70
10 駅前広場の計画・設計……72
11 道路付属施設……74
12 騒音・振動対策……76
13 立体横断施設……80
14 道路占用物……82

第4章 道路工事……85

1 道路工事の進め方……86
2 切土・盛土工事……88
3 地盤改良工事……90
4 舗装の種類……92
5 アスファルト舗装……94
6 コンクリート舗装……96
7 高機能の舗装……100

第5章 高速道路 ………… 103

1 高速道路とは ………… 104
2 高速道路の設計条件 ………… 106
3 高速道路の構造と路線計画 ………… 108
4 高速道路の結節点 ………… 110
5 休憩施設 ………… 114
6 高速道路の料金システム ………… 116
7 高速道路の安全対策 ………… 118

第6章 トンネル ………… 121

1 トンネルとは ………… 122
2 トンネルの工法選択 ………… 125
3 山岳トンネル工法 ………… 128
4 シールドトンネル工法 ………… 130
5 開削トンネル工法 ………… 132
6 沈埋トンネル工法 ………… 134
7 TBM工法 ………… 136
8 NATM ………… 138
9 トンネルの防災対策 ………… 140
10 トンネルの維持修繕 ………… 142

第7章 橋 ………… 145

1 橋の一般的なしくみ ………… 146
2 橋の計画と設計 ………… 148

CONTENTS

- 3 橋に使われる材料⋯⋯⋯⋯⋯150
- 4 構造別に見る橋〜桁橋〜⋯⋯⋯⋯⋯152
- 5 構造別に見る橋〜トラス橋〜⋯⋯⋯⋯⋯154
- 6 構造別に見る橋〜アーチ橋〜⋯⋯⋯⋯⋯157
- 7 構造別に見る橋〜ラーメン橋〜⋯⋯⋯⋯⋯160
- 8 構造別に見る橋〜斜張橋〜⋯⋯⋯⋯⋯163
- 9 構造別に見る橋〜吊橋〜⋯⋯⋯⋯⋯166
- 10 橋の防災対策⋯⋯⋯⋯⋯168
- 11 橋における維持修繕⋯⋯⋯⋯⋯172

第8章 道路の維持修繕⋯⋯⋯⋯⋯175

- 1 道路の維持修繕の必要性⋯⋯⋯⋯⋯176
- 2 アスファルト舗装の維持修繕⋯⋯⋯⋯⋯178
- 3 コンクリート舗装の維持修繕⋯⋯⋯⋯⋯180
- 4 その他の舗装の維持修繕⋯⋯⋯⋯⋯182
- 5 道路付属施設の維持修繕⋯⋯⋯⋯⋯184

第9章 新しい道路の姿⋯⋯⋯⋯⋯187

- 1 道路の景観⋯⋯⋯⋯⋯188
- 2 自然環境との調和⋯⋯⋯⋯⋯190
- 3 人と車の共存⋯⋯⋯⋯⋯192
- 4 道路のユニバーサルデザイン⋯⋯⋯⋯⋯194
- 5 公共交通機関との共存⋯⋯⋯⋯⋯196
- 6 情報化と道路交通⋯⋯⋯⋯⋯198
- 7 道路の災害対策⋯⋯⋯⋯⋯200

◆ コラム｜目次

自由道路も道路……………30
道路事業と建設業界……………52
道路ではない道路……………84
公共工事における入札方法の変化……………87
世界と日本の道路舗装事情……………102
世界の高速道路事情……………120
世界と日本のトンネル・ランキング……………144
橋の技術者の系譜……………174
道路の記念日……………186

第1章

道路とは何か

毎日の生活に欠かせない道路。
どこかへ行く時は必ず通る道路。
でも、なぜそこに道路があるのか、あなたは知っていますか？

1-1 人のくらしと道路

●道路の機能

人々のくらしや産業活動は道路がなければ成り立たないといっても過言ではありません。人や物資の移動のための場所である道路は、社会を持続させ、活力を高めていく機会をもたらす、重要かつ基本的な交通施設です。自動車交通の発展に伴い整備された道路は、一定の線形（路線の形）と幅員（道の幅）を持ち、表層・基層・路盤などの舗装部分とそれらを支える路床により構成され、道路と一体に建設される橋やトンネル、横断歩道橋や横断地下歩道などの施設もあります。また、防災、通風、採光、景観形成、様々な社会基盤施設の設置など、交通以外にも多くの機能も果たしています（図1-1-1）。

●時代に合わせた道路政策

一方、時代の急速な変化に伴い、社会や経済の仕組みの改革が急務となり、道路行政も施策や事業を見直し、道路事業の透明性・効率性の向上やアカウンタビリティ（説明報告責任）を果たすことが求められています。自動車の利用者だけでなく歩行者や自転車の利用者、沿道住民など多くの人々が満足できる道路サービスの提供を目指して、既存の道路施設を維持・更新して有効活用するとともに、環状道路や自動車専用道路の重点整備により都市及び地域の連携を強化し、道路の機能を十分に発揮させて活力ある社会を形成し持続させることが望まれています。地球温暖化の一因といわれる自動車の排気ガスに含まれるCO_2、健康被害が懸念されるPM（粒子状物質）やNOx（窒素酸化物）による大気汚染、騒音などの低減も大きな課題です。円滑なモビリティ（移動のしやすさ）の確保や、道路の安全性を高めて交通事故を抑止することはもちろん、災害時のライフラインの確保、沿道の街並みと一体の歩行者優先の道路整備による快適な生活環境の再生・創出、緑化の推進や自然生態系の保全など、道路の課題は多様化しています。安心して利用できる道路環境の実現に向けて、まちづくりの一環として取り組む時代なのです。

図 1-1-1 道路の基本的な機能

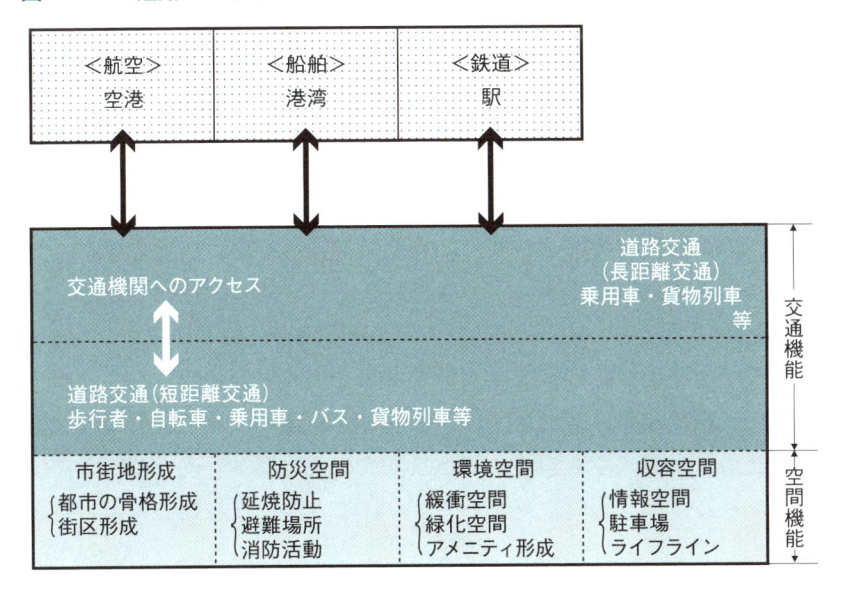

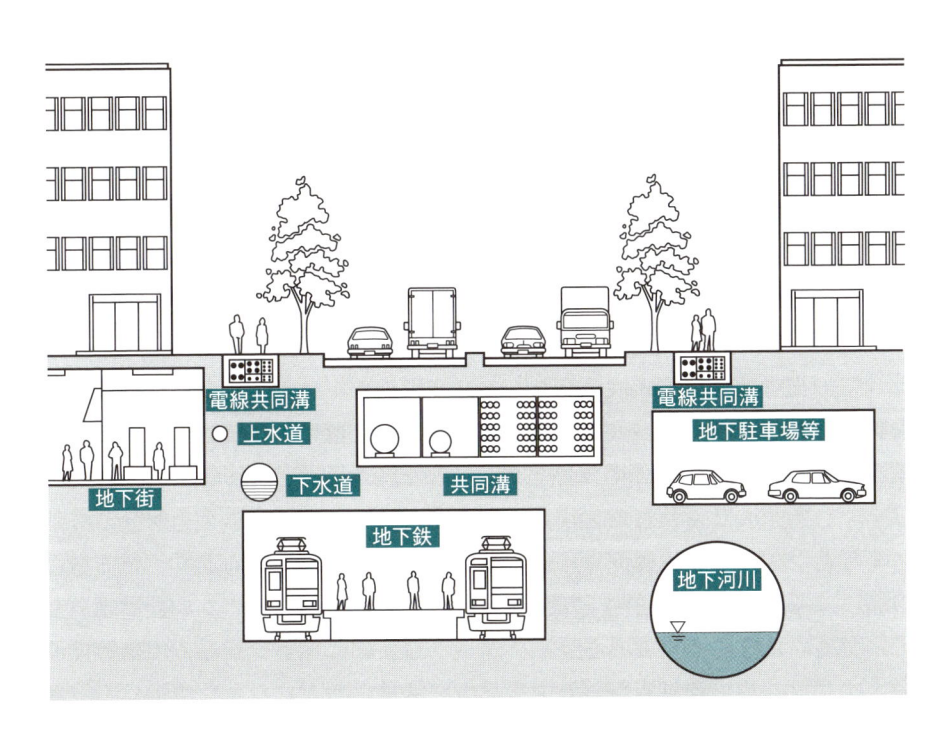

1-2 道路の起源と歴史

●獣道から人の道へ

　山野に生きる動物は移動に適した場所を選んで通るため、動物の体重で地面が踏み固められて獣道ができます。原始社会では大型哺乳動物が使う獣道を狩猟民が利用することもありました。人類が農耕を始めて集団で定住し、集落間で婚姻や物々交換による交易が始まって人の往来が頻繁になり、歩きやすく安全で最短距離の経路が選ばれ、多くの人が歩いた結果、原初的な踏み分け道が自然発生的にできました。そのような道を使いやすく持続させようと考えた人々により意図的に道路がつくられるようになったと考えられます。

　しかしそれらの道を社会の共有財産とする考え方が行き渡るにはかなりの時間がかかりました。人や車両が通行する道を維持するには社会的な合意が必要です。道路とは人々の共通認識に基づく決まり事、つまり制度に裏付けられて存在するのです。

●世界の道路略史

　古代エジプト人はギザの大ピラミッドの建設資材の運搬のために巨大な石の重量に耐える石畳の道を整備しました。古代中国では紀元前1100年代頃に大規模な街道を一部石畳で整備し、その後全長を4万kmまで伸ばしたといわれています。インカ人は伝令たちが使う街道をアンデス山脈に張り巡らせ、マヤ人たちもヨーロッパ人による新世界発見より前にメキシコで石畳の道路網を整備しました。古代の道路整備は軍事的な意図も強く、「すべての道はローマに通ず」と言われた古代ローマ帝国の道路は領土の拡大と繁栄に貢献しましたが、その維持補修費は道路を造れば造るほど膨れあがり、帝国滅亡の原因にもなりました（図1-2-1）。

　絹貿易のための陸路であるシルクロード沿いには隊商を迎える中継都市が栄えました。ハンザ同盟などによる都市間交易が盛んになった中世以降、ド

イツのロマンティック街道などの道路網が形成されました。馬車が通れる石畳などの舗装道路は現代の道路整備技術の基礎となり、石油文明の世紀といわれる20世紀に自動車社会を誕生させました。

図1-2-1　歩道がある舗装されたローマ道の標準断面

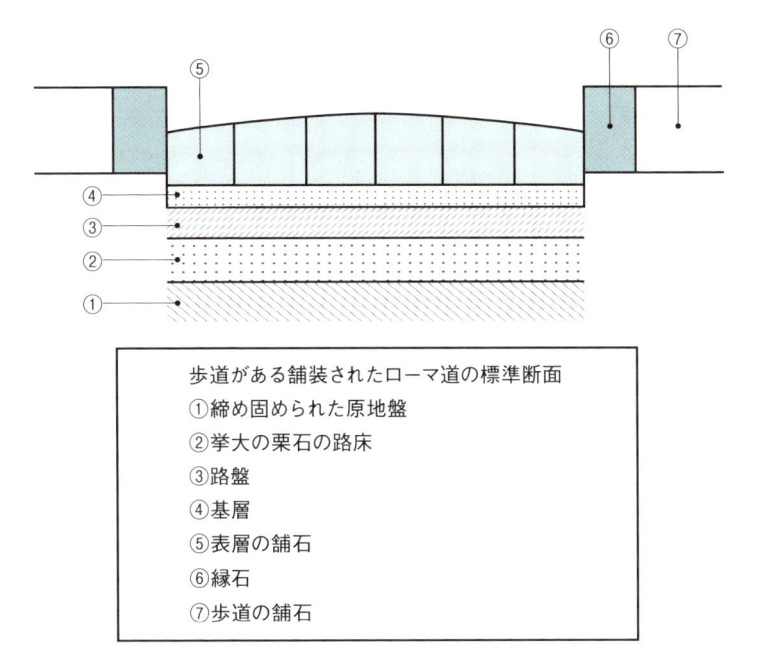

歩道がある舗装されたローマ道の標準断面
① 締め固められた原地盤
② 挙大の栗石の路床
③ 路盤
④ 基層
⑤ 表層の舗石
⑥ 縁石
⑦ 歩道の舗石

●日本の道路略史

　7世紀初頭、飛鳥地方に宮都が置かれて大和政権が誕生し、奈良盆地東縁を通る山の辺の道や、聖徳太子が通ったとされる太子道、南北に通る直線道路（上ツ道、中ツ道、下ツ道）と直交する横大路、竹内街道などが作られました。律令制が制定されて広域地方行政区画として五畿七道（中央の五畿と地方の七道）が定められ、七道は駅路が引かれ各国の国府を結ぶ官道の名称にもなり、大路・中路・小路に分けられた交通路が、豪族が支配する各地の統治や租税徴収を行うために整備されました（図1-2-2）。

646年正月に出された大化の改新の詔に駅伝制（駅制と伝馬制）を布く旨の記述があり、計画的な直線道路網が整備され始めました。駅伝制は駅路と伝路から構成され、駅路は中央と地方の連絡のための路線で、約16kmごとに駅家（宿駅）が置かれました。駅路は中央と地方の間の重要情報の伝達を主目的とし、国内最重要路線だった中央と大宰府を結ぶ山陽道と西海道の一部が大路、中央と東国を結ぶ東海道・東山道が中路、他は小路に区分されました。伝路は中央から地方への使者の送迎路であるとともに、各地域の拠点である郡家を結び地方間の情報伝達も担いました。畿内を防御するために東海道の鈴鹿関、東山道の不破関、北陸道の愛発関の三関が置かれ、三関から東は東国または関東と呼ばれました。

　奈良時代には高僧行基の指導により平城京と各地を結ぶ奈良街道などの街道が整備されました。神社や仏教寺院が各地に建立され高野山参詣を目指す高野街道、熊野古道など信仰の道が生まれました。武家社会を迎えた鎌倉時代、関東武士が鎌倉へ集結するための鎌倉街道上道・中道・下道ができました。武将が群雄割拠した戦国時代には武田信玄の棒道など兵の移動や物資輸送のための道路が各地にでき、領国の境には関所が設けられて通行税が徴収されましたが、織田信長・豊臣秀吉は天下統一のため関所を廃止しました。

●五街道の整備

　江戸時代、一般旅行者や諸大名の参勤交代のために五街道や脇往還が整備されました。東海道、中山道（中仙道とも表記）、甲州街道（甲州道中）、奥州街道（奥州道中）、日光街道（日光道中）の五街道は、慶長6（1601）年に徳川家康が全国支配のために順次整備し始め、万治2（1659）年以降は道中奉行の管轄となりました。慶長9（1604）年に日本橋が五街道の起点と定められ、明治期以降も日本の道路の起点として日本国道路元標が置かれています。軍事・警察上の必要から要所に関所を設置して検問を行い、特に東海道の関所では江戸への鉄砲の流入と江戸在住の大名の妻が密かに領国へ帰国することを「入鉄砲出女」と呼び厳重に規制しました。街道には一里ごとに一里塚を設け、一定間隔で開設した宿場には本陣・脇本陣（公武の宿泊施設）、問屋場、一般旅行者を対象とする旅籠や木賃宿、茶屋、商店などが立ち並びました。今でも歴史的町並みを残している旧街道があります。

図 1-2-2 五畿七道

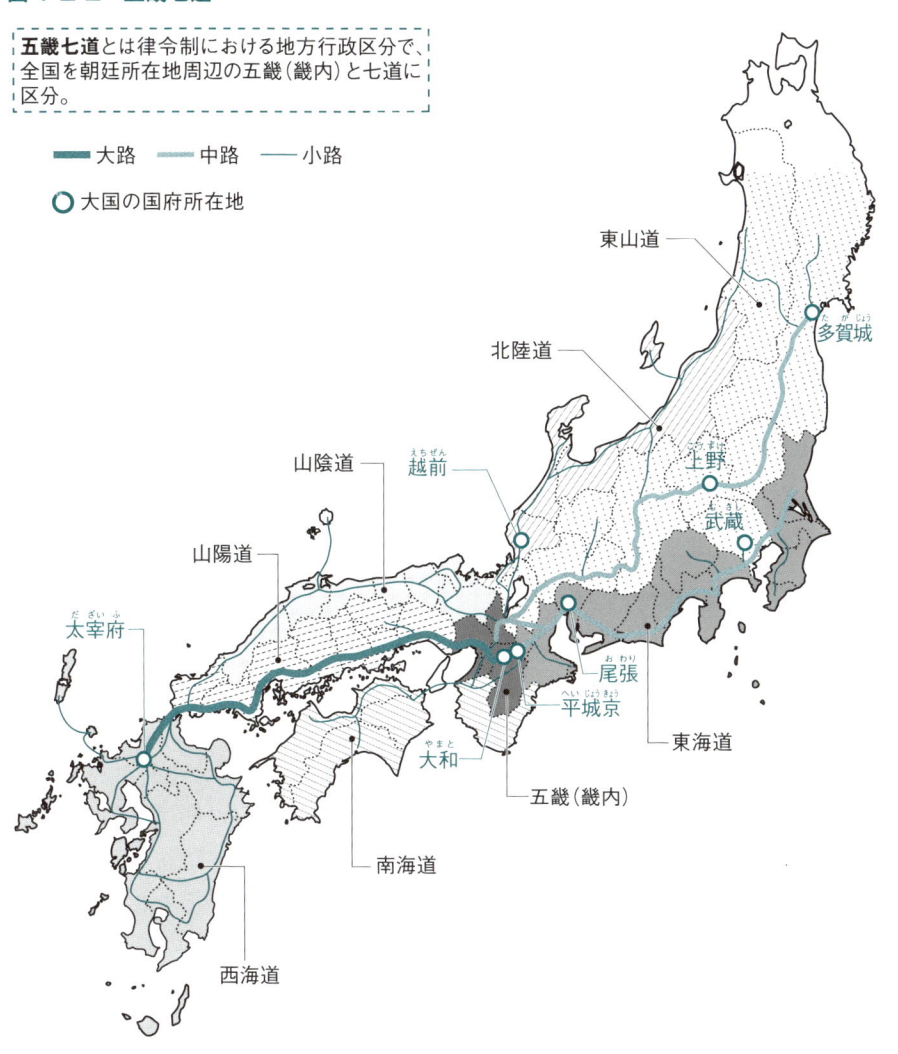

五畿七道とは律令制における地方行政区分で、全国を朝廷所在地周辺の五畿（畿内）と七道に区分。

- ── 大路
- ── 中路
- ── 小路
- ○ 大国の国府所在地

主な地名: 東山道、多賀城、北陸道、上野、越前、武蔵、山陰道、山陽道、太宰府、尾張、平城京、大和、東海道、五畿（畿内）、南海道、西海道

五畿（畿内）
山城国（京都の旧国名）
大和国（奈良県の旧国名）
河内国（大阪府南東部の旧国名）
和泉国（大阪府南部の旧国名）
摂津国（大阪府北東部と兵庫県の東部の旧国名）

七 道		
東海道	南海道	
東山道	西海道	
山陽道		
山陰道		
北陸道		

1. 道路とは何か

1-3 近代日本の道路整備

●明治政府の道路行政

　江戸時代に置かれた各街道の関所は1869（明治2）年に全て廃止され、国民は自由に道路を通行できるようになりました。1876（明治9）年の太政官布告第60号により道路は国道・県道・里道の3種類に分けられ、江戸時代以来の主要な街道は国道に指定されて番号が付けられました。明治期前半の道路関係法令は工事ごとに検討され、道路行政と費用負担の仕組みが慣例的に形成されました。明治後期には陸上交通の主役として鉄道が重視され、富国強兵を目指す予算編成も影響し、都心部を除き近代的な道路の整備は低調でした。

●大正から昭和の道路整備

　1920（大正9）年、日本初の道路整備長期計画「第1次道路改良計画」が策定されましたが、3年後に起きた関東大震災の後の帝都復興が優先され、地方の道路整備は遅れました。ドイツのアウトバーンを参考に産業用・軍用の高速自動車道の計画が主要道路の改良策と共に検討されましたが、太平洋戦争に突入し、一般道路の整備も高速道路の実現も不可能になりました。敗戦国となった日本に対しGHQのマッカーサー司令官は昭和23年に道路網の維持修繕五ヵ年計画の策定を要請し、平和条約が発効した昭和27年道路法が制定されました。昭和29年自動車保有台数が百万台を突破したため、政府は国内初の高速道路、名神高速道路の実現可能性の調査をアメリカのワトキンス氏を長とする調査団に依頼したところ、「日本の道路は信じ難い程に悪い。工業国にしてこれほど完全にその道路網を無視してきた国は、日本をおいて他にはない。」と記した報告書が出され、戦後日本の道路整備推進の原点となりました。日本の道路は幅員が狭い上に交差箇所が非常に多く、昭和30年代には自動車台数の増加と共に交通事故死者が激増し交通戦争という言葉まで生まれました。

●道路行政を支えた二本の柱

　道路整備特別措置法（昭和27年）による有料道路制度と、道路整備費の財源等に関する臨時措置法（昭和28年）による揮発油税や自動車税に基づく道路特定財源制度及び道路整備五カ年計画は、戦後日本の道路行政を支えた二本の柱といわれます。道路整備五カ年計画は第1次（昭和29～34年度）から第11次（平成5～9年度）まで策定され、新道路整備五カ年計画（平成10～14年度）の後は社会資本整備重点計画法（平成15年）による社会資本整備重点計画の中に位置づけられています。道路特定財源制度は平成21年に廃止されました。

図1-3-1　高速道路延長の推移

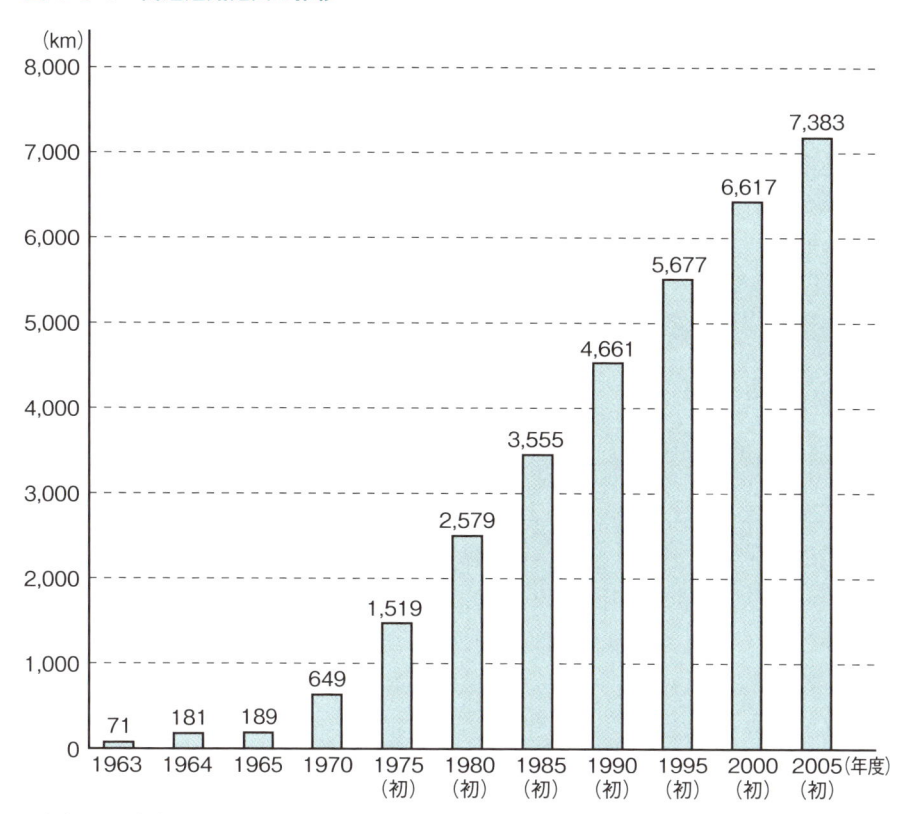

年度	延長(km)
1963	71
1964	181
1965	189
1970	649
1975（初）	1,519
1980（初）	2,579
1985（初）	3,555
1990（初）	4,661
1995（初）	5,677
2000（初）	6,617
2005（初）	7,383

※年度区分で、(初)とあるのは年度当初の数値であり、( )書のないのは年度末の数値である

（出典：道路統計年報2008年版）

1-4 道路の種類と法体系

●道路法の道路

　一口に道路といっても多くの種類があります。日常語の道は国道、市町村道、遊歩道、路地、畦道、林道、登山道、公園内の散歩道、敷地内通路等のすべてを含みますが、道路とは特定の法的条件を満たしているものを意味します。

　法律で道路の種類を分類すると、まず道路法で定義される道路があります。道路法第二条に「「道路」とは一般交通の用に供する道で次条各号に掲げるものをいう。」とあり、第三条では道路の種類は道路を整備し管理する行政体により①高速自動車国道、②一般国道、③都道府県道、④市町村道の4項目に区分されます。法律で定義される道路として認めることを、高速自動車道と一般国道は道路指定、都道府県道と市町村道は道路認定といい、道路法が適用される都道府県道、市町村道等を認定道路と呼びます。道路法の道路は公道であり、道路構造令で幅員・構造などの基準が定められています。道路認定を受けない場合、法律上は道路ではなく単に道などと呼ばれます。道路は路面、路肩、法敷（道路用地に含まれる沿道の斜面）のほかにトンネル、橋梁、横断歩道橋、渡船施設等で構成され、道路法第2条及び道路法施行令第34条で管理すべき附属物が規定されています。道路の成立から廃止までには「①路線の指定／認定　②区域の決定　③用地の権原の取得　④建設工事　⑤供用開始　⑥維持管理　⑦路線の廃止・変更　⑧不用物件処分」という段階があります。道路法第89条による主要地方道は道路法に規定する道路の種類ではなく、国が道路整備の必要上一定の範囲内で補助する道路として大臣が指定した主要な道路で、都道府県道の中に一般道路と主要地方道が含まれていることになります。

●道路法以外の法律で定義される道路

　農道と林道：農村地域にある農道は農耕作業に使われる道路の総称です。一

般には土地改良法に基づく農業用道路のことで、幹線農道と支線農道があり、支線農道には収穫物運搬等のための通作道と、通作道の連絡道があります。農道は通行権の制限があります。農林魚業用揮発税を減免する代わりに相応の利益を農林漁業者に還元する目的で、昭和40年度から実施された農林魚業用揮発税財源身替農道整備事業（略称「農免道路事業」）により整備された道路を農免道路と呼びます。一方、主に山中にある林道は、森林の整備・保全を目的として森林地帯に設けられる道路の総称で森林法に基づいて設置され、道路法や道路構造令などの関連法規の枠外にありますが、一般の通行に供される林道は道路交通法・道路運送車両法などの規定は適用されます。所管は林業を管轄する農林水産省（林野庁）で林業の受益地に設けられ、林の中だけとは限りません。林道の制度は日本独自のもので、通行権の制限があります。民有林の中の林道は、一般補助林道（国庫補助を受けて都道府県・市町村・森林組合などが敷設するもの）と広域な地域に整備されていた緑資源幹線林道と特定森林地域開発林道（スーパー林道）があります（図1-4-1）。

図 1-4-1　スーパー林道の例
「天龍スーパー林道」（静岡県）

港湾と漁港の道路：港湾法による道路に、港湾区域及び臨港地区内の様々な施設を結ぶ港湾施設として国土交通省（旧運輸省）の予算で作られた臨港道路があります。港湾管理者の国土交通省港湾局が管理を行う場合と、市町村や都道府県に移管される場合があります。漁港に関しては漁港漁場整備法による漁港道があります。

道路運送法の道路：道路運送法第二条第8項に「この法律で「自動車道」とは、専ら自動車の交通の用に供することを目的として設けられた道で道路法による道路以外のものをいい、「一般自動車道」とは、専用自動車道以外の自動車道をいい、「専用自動車道」とは、自動車運送事業者（自動車運送事

業を経営する者）が専らその事業用自動車（自動車運送事業者がその自動車運送事業の用に供する自動車）の交通の用に供することを目的として設けた道をいう」と定められています。

道路交通法の道路：交通安全を管理する道路交通法では、第1章総則第2条1で「道路法第2条第1項に規定する道路、道路運送法第2条第8項に規定する自動車道及び一般交通の用に供するその他の場所をいう。」と規定されています。

公園道・園路：自然公園法による公園道や公園や庭園の中の園路があります。

建築基準法の道路：建築物を建てる敷地は原則として建築基準法上の道路と2m以上の長さで接する必要があります（接道義務）。これは用途地域等に無関係に設けられた制度で、建築物及び敷地の日常の利用や非常時の避難活動、消防活動に支障がないように考慮された規定です。建築基準法の道路は公道、私道の区別はなく、自動車専用道路のみ対象外で、幅員が4m以上なければならず、幅員4m未満の場合は道路となりません。道路区分は①法施行以前からある幅4m以上の道路、②法施行以前からある幅4m未満の道路、③法施行以後設けられた幅4m以上の道路で道路法による認定を受けたものの3種類です。建築基準法の施行以前から存在する幅4m未満の道路を「42条2項道路」または「2項道路」といいます。建物を建てる時は道路の中心線から2m離れた位置を敷地境界線とするため敷地後退（セットバック）が義務付けられています。歴史的な町並みや旧街道、事実上の区画道路になっている私道などの幅4m未満の道は無視できないため道路とみなすこととし、特定行政庁による道路位置指定を受けた場合「位置指定道路」（建築基準法施行令第144条）と認定され「みなし道路」とも呼ばれます。幅員15m以上の道路をいう特定道路は、敷地が接する道路の幅員により容積率が制限されている場合、建築物の敷地の前面道路の幅が12mに満たなくても幅員6m以上の道路が特定道路に接続していれば、その特定道路から延長70m以内の部分について容積率が緩和され割増を受けることができる場合にのみ使われる用語です。

私有地を通る私道：個人が所有する土地を私的に利用する道路で、①地目が公衆用道路で市民の通行用に供せられている土地、②地目が宅地、山林、農地等となっていても実際は一般の通行に利用される土地の2種類があります。

表 1-4-1 各法令による道路の分類

法　律	道路の名称等	概　要
道路法 高速自動車国道法	高速自動車国道 一般国道 都道府県道 市町村道	道路法は「道路」に関する基本的中心的な法律として道路の種類、指定・認定手続きを定めると共に、その管理、費用負担等の方法を規定している。高速自動車国道法は、高速自動車国道に関する道路法の特例を規定したもの
土地改良法 農用地開発公団法	農業用道路 （農免道路） （広域営農団地農道）	土地改良法による道路を通常「農道」と称している。基幹的な農道として農林水産省が整備するものに、農林漁業用揮発油税財源身替農道（いわゆる農免農道）と広域営農団地農道がある
森林法 林業基本法 森林開発公団法	林道	森林法では森林計画に基づき開設される林道について、林業基本法では林業改善事業の一環として開設される林道についてそれぞれ定めている
港湾法	臨港道路	臨港地区内における臨港交通施設としての道路で、港湾管理者である港湾局または地方公共団体が管理するもの
漁港法	漁港施設道路	農林水産大臣の作成する漁港整備計画に基づき建設される漁港施設としての道路
	魚免道路	農林漁業用揮発油税替財源で整備される道路で、主として漁港施設と幹線道路を結ぶもの。完成後は道路法の道路として道路管理者に引き継ぐ
道路運送法	専用自動車道	自動車運送事業者がもっぱら自らの自動車運送事業の用に供する自動車のみを通行させるための道路
	一般自動車道	自動車運送事業者が一般の自動車も料金を取って通行させる自動車道
道路交通法	道路法に規定する道路 道路運送法に規定する自動車道 一般交通の用に供するその他の場所	道交法では道路法および道路運送法で規定するもののほか、広場その他で一般交通の用に供する場所も、道路の範囲に含めている
自然公園法	公園道 自然研究路 長距離歩道	自然公園内で、公園事業として整備される道路。車道としての公園道のほか、歩道である自然研究路や長距離歩道がある
都市公園法	園路	都市公園内に設けられる道路。都市公園管理の一環として管理される
－	私道	私人の財産権の下で管理される道路。建築基準法上の道路として建築物との関係で道路位置指定等について規制を受ける。一般交通の用に供する道路交通法の適用を受ける
鉱業法 金属鉱山等保安規則	－	鉱業権者または租鉱権者が鉱区またはその周辺に設置する道路。私道だが、土地の使用・収用権を付与されている
国有財産法	里道	通常「赤道」といわれ、道路法適用されない認定外道路の一つ。敷地が国有地の所は、現在都道府県知事の管理となっている

1・道路とは何か

1-5 目的別の道路

●さまざまな目的に応じて作られる道路

　道路はそこを通行する目的に応じて異なる設計が行われることがあります。高速走行が目的の高速道路はその一つということもできますが、通行以外の目的を重視する場合、計画や設計の段階で特別な配慮をすることがあります。観光道路（図1-5-1）は、自然景観を楽しみながら通行することが目的のため、ダイナミックに自然のパノラマが見えるように路線の位置を選定し、駐車場がある展望施設を配置するなど特別な計画をします。オープンスペースを楽しめる場所となる河川の水辺や、堤防上にある遊歩道や自転車道は、多くの場合、管理用通路の転用によるものですが、設計に際しては道路構造令を準用しています。

●ショッピング・モール

　大規模商業施設であるショッピング・モールは建物内部にありますが、商店街の道路で自動車の通行を排除し、買物客が安全かつ快適に移動できるように歩行者専用道路とした場合もショッピング・モール（図1-5-2）と呼びます。ショッピング・モールは、舗装の材質や色彩などを工夫したり、フラワーポット、ベンチ、照明施設、案内表示板、ごみ箱などのストリート・ファニチャー（街具）をデザインして配置し、歩いて楽しい街並みが形成されるように商業活性化を含めた街づくりの一環として整備されます。モールとはロンドンのバッキンガム宮殿の正門前にある王室の公式行事用道路であるザ・モール（The Mall）に由来する言葉です。

●コミュニティ道路

　歩行者が安全に歩行できるように自動車の走行速度を制限し、両者が共存しながら安全性と快適性を兼ね備えた道路空間となるように、特殊な設計を施した道路として歩車共存道路があります。歩車共存道路はオランダのボン

エルフ（woonerf：生活の庭）と呼ばれる道路整備の考え方がモデルとなり、日本ではコミュニティ道路（図 1-5-3）として整備されています。トランジットモールは、一般の自動車の通行を制限してバスや路面電車などの公共交通機関の走行と歩行者の通行を優先させるために整備される歩車共存道路の一種です（9-5 節参照）。

図 1-5-1
観光道路の例
「日光いろは坂」（栃木県）

図 1-5-2
ショッピング・モールの例
（東京都武蔵野市）

図 1-5-3
コミュニティ道路の例
（東京都武蔵野市）

1-6 都市計画と道路

●都市計画道路

良好な市街地を作るための都市計画と道路は表裏一体の関係にあります。都市計画法に基づく都市計画決定により都市の基盤的施設として整備される道路を都市計画道路といい、以下の種類があります。

自動車専用道路：都市高速道路、都市間高速道路、その他の自動車専用道路
幹線街路：都市の主要な骨格を形成し、近隣住区等の地区内の主要な道路や外郭を形成する道路で、地区で発生または集中する交通を当該地区の外の道路に連結する道路
区画街路：宅地の区画に接続して利用に供される道路
特殊街路：自動車以外の交通（歩行者、自転車、新交通システム等）に供される道路
駅前広場：道路の一部として決定・整備される交通広場（「その他交通施設」の一つ）

街路は市街地の中の道路です。都市計画道路事業は街路整備事業、街路事業とも呼ばれ、都市施設として計画決定された都市計画道路の整備を都市計画法に基づく認可または承認を得て実施する都市計画事業であり、市街地内の人口集中地区で都道府県または市町村が実施します。都市計画道路であっても都市計画法によらず道路法による道路事業として実施される路線もあります。都市計画決定された道路の予定地には都市計画制限がかけられ、恒久的な建築物が建てられない建築制限が適用されます。

●街路の多様な機能

街路は都市における最も基礎的な公共空間であり、市民生活や経済活動に伴う人や車の移動を安全で円滑に処理する交通機能を担うと共に、地下鉄等の公共交通機関や上下水道や電力等のライフラインの収用空間、災害時における避難路や延焼を防ぐ防災空間、散策や通風採光のための都市空間など、

多種多様な機能も果たしています。街路網の構成により街区を形作り、沿道の市街化を誘導し、まちづくりの方向性を決める基盤となります（表1-6-1）。

表 1-6-1　街路の機能

機　能	細　目	概　要
都市交通機能	通路としての機能	人物及び物の移動の通路となる
	沿道利用のための機能	沿道の土地、施設、建物などへの出入り、ストックヤードへのアプローチ、貨物の積み下しのスペースとなる
都市環境保全機能	景観構成、温度調整	都市のオープンスペースとしての住環境を維持する
都市防災機能	避難路・救援路	災害発生時に被災者の避難および救助のための通路となる
	災害遮断	延焼を防止し、災害の拡大を抑え遮断する
都市施設収容のための空間機能	他の交通機関	モノレール、新交通システム、地下鉄、路面電車などの設置
	供給処理施設	電気、上水道、下水道、地域冷暖房、都市廃棄物処理管路、ガス管などの設置
	通信情報施設	電話、CATVなどの設置
	その他の施設	電話ボックス、信号、案内板、ストリートファーニチュアなどの設置
市街地形成	街区の構成	街路は街区を囲み、その位置、規模、形状を規定する
	市街地化の誘導	沿道の土地利用の高度化を促し、都市の面的な骨格を形成し、発展方向、形状、規模を規定する

●街路整備のためのさまざまな事業制度

　現道の拡幅、バイパスの整備、鉄道との立体交差、河川を渡る橋梁の整備など、都市の骨格となる放射・環状道路等の幹線街路を整備し（表1-6-2）、都市内の渋滞解消や沿道環境の改善を図るために、さまざまな事業手法を適用して街路整備が行われます。

表 1-6-2　街路網の構成パターン

型	例	特　徴
放射環状型		大都市に多く、同心円的に発展を繰り返す
格子型		古代および近世（17世紀以降）に整備された都市や、現代の大都市の中心部に多くみられる
梯子型または帯状		線状または帯状に都市機能が配置され、中小規模、工業・住宅などの単機能的都市に適する
斜交型		格子型に斜交する道路を付加し、交通動線の短縮を狙ったもの
合成型		1～4の合成型で、都市部は格子型、郊外部が放射環状型の場合が多い

街路単独事業：計画決定された道路区域の用地を買収し、街路本体を整備する事業です。

沿道整備街路事業：既存街路の拡幅などに際して沿道の土地の地権者の現地残留希望や代替地希望に柔軟に対応し、幹線道路と沿道地域の一体的整備を推進する事業です。

沿道区画整理型街路事業：「沿区」と略称され、幹線街路沿いの帯状の市街地で、沿道市街地の保全・創出と健全な土地利用の促進を図るため土地区画整理手法を活用して行われる、幹線街路と沿道市街地を一体的に整備する街路事業です。

土地区画整理事業：計画対象地区の土地所有者から土地の一部を一定割合（減歩率）で提供してもらい、それらを集約して新たに街路や公園等の公共施設を整備する事業です。

都市再開発事業：都市再開発法に基づく事業で、市街地再開発事業、特定再開発事業などがあります。土地の高度利用と都市機能の更新を図るべき地区で、①地区内の既存建築物の全面的除去、②中高層の不燃化共同建物の建築、③公園・緑地・街路等の公共施設の整備を行います。歴史的な建築物を中心とする「歴史的建築物等活用型再開発事業」や、市街地商店街の活性化を目指す「都市活力再生拠点整備事業」等もあります。

身近なまちづくり支援街路事業：幹線街路の整備に加えテーマをもってまちづくりに取り組む地区を対象とした地区レベルの街路再整備や景観整備を図る事業で、地区の種類は「歴史的環境整備地区［歴道］」「居住環境整備地区［居住］」「都心交通環境整備地区［都心］」「商店街活性化支援地区［商活］」「都市景観整備地区［景観］」「安心まちづくり総合整備地区［安心］」があります。

モノレール道等整備事業：モノレールや新交通システムなどの軌道系の公共交通機関を整備することにより、都市内の道路交通の円滑化を図る事業です。

電線共同溝整備事業：安全で円滑な道路の確保とその景観を整えるため電柱類を撤去して電線類を地中化する必要性が高い道路の区間で、道路（主に歩道）の地下に電力線や電話線など数種類の電線を共同で収容する事業です。

連続立体交差事業：＜2-7節参照＞

ITS関連施設整備事業：道路情報、駐車場情報等の総合的に情報提供することにより円滑な道路交通の確保や道路利用者の利便性向上を図る事業です。

1-7 道路整備の効果

●重視される社会的効果

　道路を整備することで日常生活や産業にもたらされる効果には、安全性の向上、渋滞解消による移動時間の短縮や通勤・通学などの利便性向上、交流や業務の機会増大による産業や地域の振興、医療・福祉サービスを受ける機会の増加、観光・レクリエーションの機会の増大、災害時の避難や救助経路の確保など様々なものがあります。以前の道路整備では、事業費や整備延長などのアウトプットにより実績を評価していましたが、公共事業の在り方に対する世論の高まりに伴い、最近は利用者から見てどの程度便利になったかなど社会的効果を把握することが重視されています。累積投資額で見た事業の進捗度や道路整備率の向上などの物理的な成果とともに、貴重な財源を使う道路整備の目的がどの程度達成されたかを効果として的確に把握することが求められ、道路整備がもたらす効果を実感できる目標を設定し、目標達成に要する費用を配分して事後評価する方法を導入するようになっています。

●費用便益比による評価

　道路整備の効果を表す指標の一つに、整備にかかった費用と結果として得られる効果を貨幣換算した値を比率で表現する、費用便益比（B／C）＝総便益（Benefit）／総費用（Cost）（図1-7-1）があります。支出した費用と得られる効果が等しい場合、費用便益比は1となります。費用便益比（B／C）を算出し分析する費用便益分析（図1-7-2）は、ある年次を基準年として道路整備が行われる場合と行われない場合について、一定期間の便益と費用を金額で算定し、道路整備に伴う便益の増分とかかる費用を比較することにより分析、評価を行います。新規の道路整備に伴う効果としては、現時点で知見が得られ、十分な精度の計測と貨幣換算が可能な「走行時間の短縮」、「走行経費の減少」、「交通事故の減少」について便益を算出します。費用は、道路整備に要する事業費、維持管理に要する費用を考慮します。

図 1-7-1　費用便益比の算定式

総便益と総費用は共に国土交通省の示す基準に基づいて算出します。

●総便益（B）：道路整備によってもたらされる以下の3つの便益を貨幣換算した値の合計
　①走行時間の短縮　②走行経費（燃料消費）の減少　③交通事故の減少

総便益(B)の現在価値＝走行時間短縮便益＋走行経費減少便益＋交通事故減少便益

●総費用（C）：道路の整備と維持管理に要する費用の合計
　総費用（C）の現在価値＝整備事業費＋維持管理費

★費用便益比（B／C）＝（総便益の現在価値）÷（総費用の現在価値）

図 1-7-2　費用便益分析の算定フロー

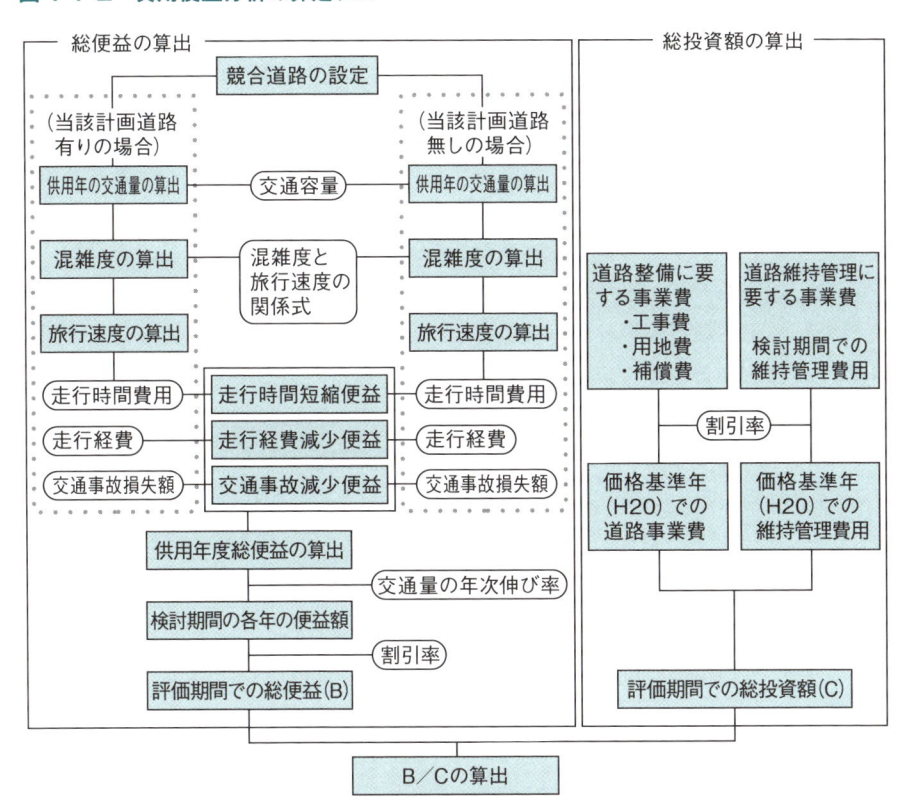

【総便益の算出】

競合道路の設定

（当該計画道路有りの場合）
- 供用年の交通量の算出 ← 交通容量
- 混雑度の算出 ← 混雑度と旅行速度の関係式
- 旅行速度の算出
- 走行時間費用 → 走行時間短縮便益
- 走行経費 → 走行経費減少便益
- 交通事故損失額 → 交通事故減少便益

（当該計画道路無しの場合）
- 供用年の交通量の算出
- 混雑度の算出
- 旅行速度の算出
- 走行時間費用
- 走行経費
- 交通事故損失額

→ 供用年度総便益の算出 ← 交通量の年次伸び率
→ 検討期間の各年の便益額 ← 割引率
→ 評価期間での総便益(B)

【総投資額の算出】

- 道路整備に要する事業費（・工事費・用地費・補償費）
- 道路維持管理に要する事業費（検討期間での維持管理費用）
→ 割引率
- 価格基準年（H20）での道路事業費
- 価格基準年（H20）での維持管理費用
→ 評価期間での総投資額(C)

→ B／Cの算出

割引率：評価年度における割引価値を計算する際に使用する利回り。金利・物価・リスクなどを考慮して算出する。

❗ 自由通路も道路

　線路上空に高架橋を架けて駅舎を載せる橋上駅化や駅ビルの整備に合わせ、鉄道の線路をまたぐ形で一般の通行に開放される自由通路を整備する事業が増え、鉄道事業者は駅ビルや橋上駅舎に店舗を設けるなど空間の活用を進めています。従来、自由通路は法律上の位置付けが不明確で、駅周辺のまちづくりを進める際に、新設の場合は鉄道事業者と地元自治体が協議会を設置して整備費の負担割合や整備主体などを決めていました。2009年6月、自由通路の整備・管理に関する法律上の位置付けと費用負担の考え方を明確にして地方自治体などが自由通路を整備しやすくするため、国土交通省は「自由通路の整備及び管理に関する要綱」を定めました。この要綱では、鉄道線路による地域分断や踏切での渋滞や事故の解消のために整備される施設として自由通路を単独で整備する場合と自由通路の整備に合わせて橋上駅舎を整備する場合については、自由通路は道路法上の「道路」とし、整備主体となる地方自治体などの都市基盤事業者が整備費用を全額負担することになり、橋上駅舎の整備と一体に整備する際は駅舎の建て替え費用相当額を地方自治体が公共補償するとしています。駅舎の中とつながっていて建築物のように見える自由通路ですが、実は道路なのです。なお、自由通路と橋上駅舎や隣接する駅ビルの整備を都市再開発事業などの一環として進める場合は都市計画法上の「通路など」とし、駅ビルの開発で得られる受益に応じて自由通路の整備費の一部を鉄道事業者が負担することとしています。鉄道事業者自らが線路上空に駅舎と一体の駅ビルを整備する際に線路の両側を往来できる自由通路を合わせて整備する場合は鉄道事業法上の「鉄道施設」となり、駅ビル内の自由通路となる部分の整備費の3分の2を都市基盤事業者が負担し、維持管理費は原則として鉄道事業者が全額負担することとされています。

第2章

道路をつくる

道路はある日突然できるものではありません。
関連する法規や制度に基づいて
着実に道路をつくっていくためのプロセスを説明します。

2-1 道路ができるまで

●道路事業のワークフロー

　都市計画法に基づく都市計画道路ができるまでの全体の流れは、図2-1-1に示すように「道路計画」「事業の執行」「維持管理」という3つの段階があります。これらの道路は一般的に「街路事業」といわれ、都市計画決定された路線で事業許可が必要になります。また、道路法に基づく道路は「道路事業」といわれ、自治体（都道府県や市町村）の議会で決議された後に事業が行われます。ここでは、より慎重な手続きが必要となる街路事業を例に説明します。

●計画的につくられる道路

　道路は無計画につくられることはありません。まず「道路計画」の段階で、道路交通調査に基づく道路網整備計画が作成されます。ここでは、道路の種類が決定され、道路の種類に基づいた車線数や標準断面などの道路の基本構造が計画されます。また、実際にどこに道路をつくるのかについては、最初から1つの計画にするのではなく、道路網計画案に応じた複数の路線案を代替案として提案し比較検討して、その中から最適な路線を選定することにより概略計画を策定します。(2-2節参照)

●道路を実際につくるには

　道路を実際につくるためには、「事業の執行」が必要になります。都市計画法に定められた都市計画手続きにより都市施設として道路が告示され事業化されると、実際に事業を行うために測量や地質調査が行われ、詳細設計が行われます。その後、道路事業の用地幅杭が設置され、土地所有者との立会調査や協議（用地交渉）を経て用地買収が開始されます。用地が確保されれば、実際に道路工事が行われることになります。なお道路工事が終わって一般利用が可能になることを「供用開始」といいます。

●道路はつくりっぱなしではない

　道路は一度つくったらそのままではありません。つくることと同じ、あるいはそれ以上に重要となる「維持管理」が必要になります。壊れたら修理するという場当たり的な対応では、社会基盤は十分に維持できません。そのため多くの道路管理者（国や自治体など）では、限られた財源の中で、安全に安心して使える道路をどうやって維持していくのかを定める維持管理計画を作成して、計画的な維持管理を行っています。なお、道路という資産（アセット）を管理（マネジメント）することから、「維持管理」のことを道路アセット・マネジメントともいわれています。

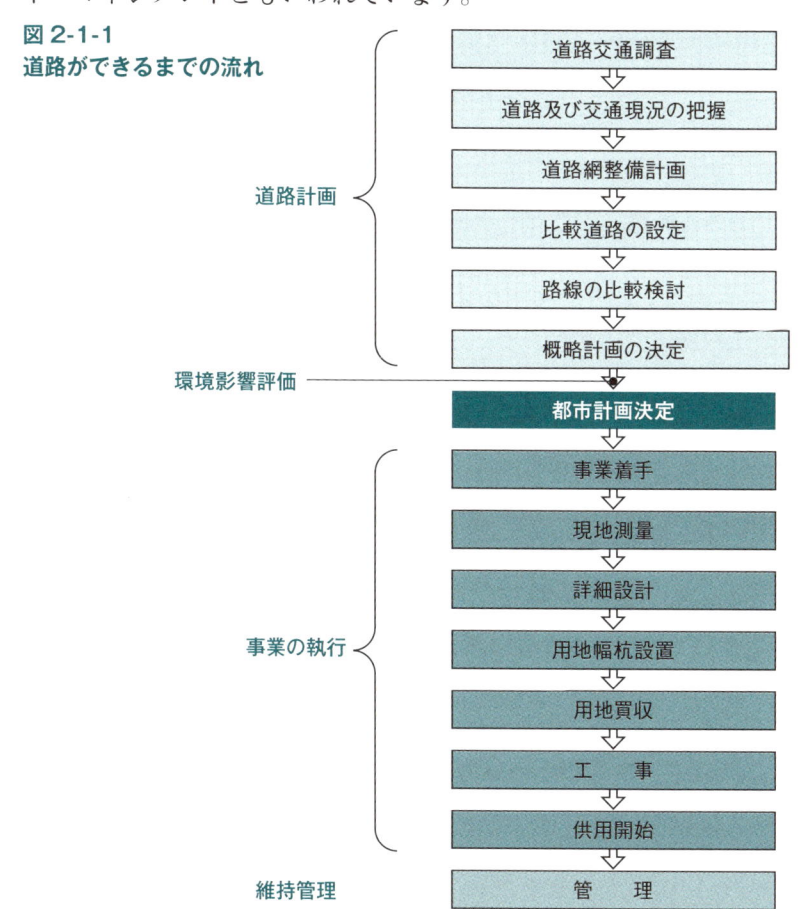

図 2-1-1
道路ができるまでの流れ

道路計画
- 道路交通調査
- 道路及び交通現況の把握
- 道路網整備計画
- 比較道路の設定
- 路線の比較検討
- 概略計画の決定

環境影響評価

都市計画決定

事業の執行
- 事業着手
- 現地測量
- 詳細設計
- 用地幅杭設置
- 用地買収
- 工　事
- 供用開始

維持管理
- 管　理

2-2 道路交通計画の流れ

●道路計画の流れ

　道路を計画的につくるには、将来の交通量を予測するためのデータと理論が必要です。調査によりデータを取得し、データを分析して将来の交通量を予測し、予測した交通量に適した道路を計画するという流れになります。

●道路交通計画のための調査の種類

　国や自治体等が道路の整備を計画するためには、まずデータが必要になります。主要な調査としては、パーソントリップ調査、交通量調査、自動車OD（起終点）調査、物資流動調査などがあげられます。

『パーソントリップ調査　―人の動きを調べる―』

　人の動き（パーソントリップ）に着目した調査であり、個人が何の目的で、いつ、どこからどこへ、どのような交通手段で移動したかが調査されます。地方中核都市圏（概ね人口30万人）以上の都市で、ほぼ10年に1回の割合で実施されています。サンプルの抽出率は大都市圏では数％、地方都市では10％弱程度です（図2-2-1）。

『交通量調査　―交通の現状を調べる―』

　よく道路脇や交差点の角で交通量調査員が数取器（カウンター）で計測している姿が見られますが、これが交通量調査の代表例です。交差点の方向別・車種別・時間別の交通量が計測されます。道路の上方に設置された車両感知器や、最近ではビデオカメラを使った画像処理による観測も行われています。また、混雑状況を把握するために旅行速度調査も実施されます。これらを計画的に実施している代表的な調査は、道路交通センサス（全国道路交通情勢調査）で、通常春期か秋期の平日（火～木）に12時間（7:00～19:00）または24時間で調査されます。

『自動車OD調査　―自動車の起終点を調べる―』

　自動車を対象として、起点（Origin）と終点（Destination）を調べます。

図 2-2-1　パーソントリップ調査の実施状況

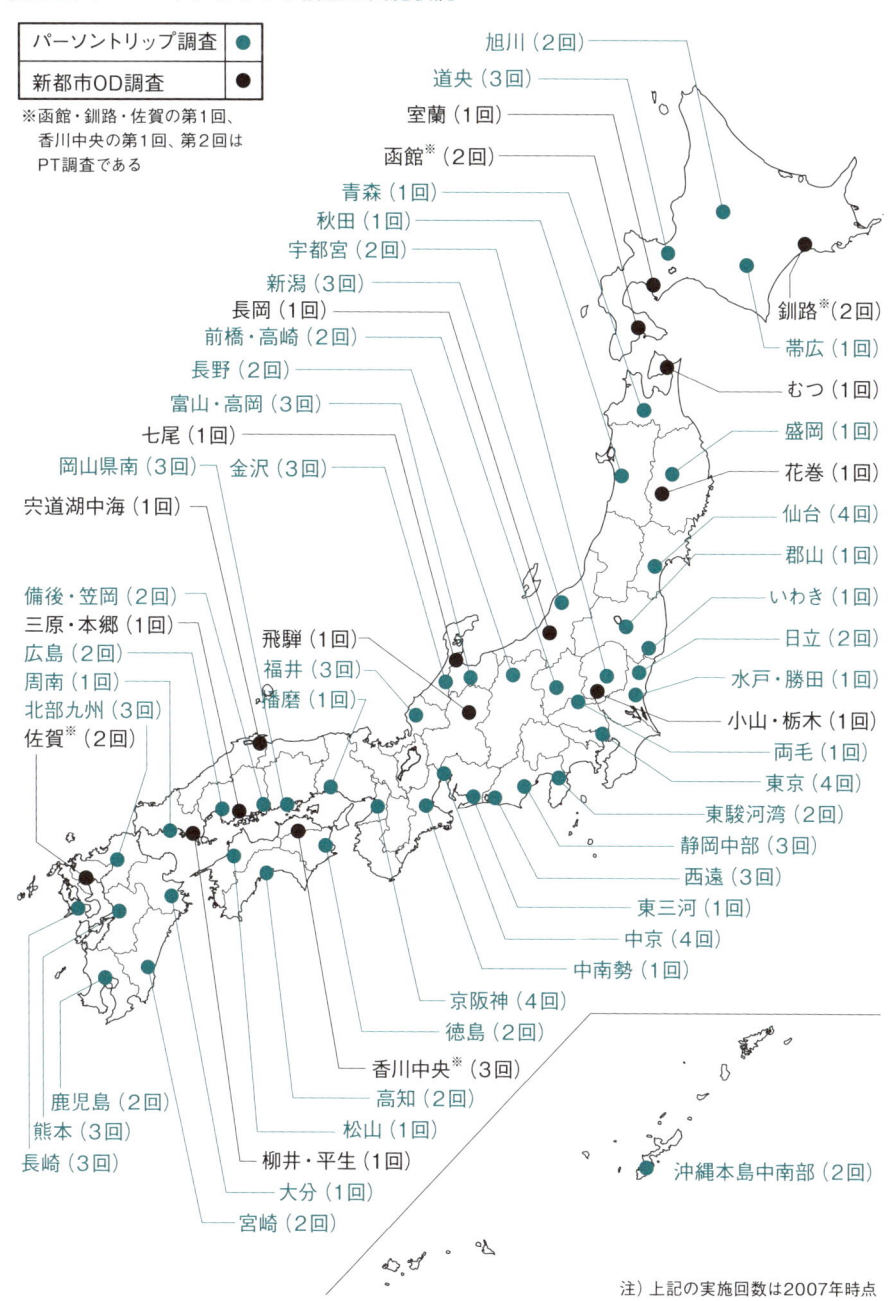

パーソントリップ調査	●
新都市OD調査	●

※函館・釧路・佐賀の第1回、香川中央の第1回、第2回はPT調査である

- 旭川（2回）
- 道央（3回）
- 室蘭（1回）
- 函館※（2回）
- 青森（1回）
- 秋田（1回）
- 宇都宮（2回）
- 新潟（3回）
- 長岡（1回）
- 前橋・高崎（2回）
- 長野（2回）
- 富山・高岡（3回）
- 七尾（1回）
- 岡山県南（3回）
- 宍道湖中海（1回）
- 備後・笠岡（2回）
- 三原・本郷（1回）
- 広島（2回）
- 周南（1回）
- 北部九州（3回）
- 佐賀※（2回）
- 飛騨（1回）
- 福井（3回）
- 播磨（1回）
- 釧路※（2回）
- 帯広（1回）
- むつ（1回）
- 盛岡（1回）
- 花巻（1回）
- 仙台（4回）
- 郡山（1回）
- いわき（1回）
- 日立（2回）
- 水戸・勝田（1回）
- 小山・栃木（1回）
- 両毛（1回）
- 東京（4回）
- 東駿河湾（2回）
- 静岡中部（3回）
- 西遠（3回）
- 東三河（1回）
- 中京（4回）
- 中南勢（1回）
- 京阪神（4回）
- 徳島（2回）
- 香川中央※（3回）
- 高知（2回）
- 松山（1回）
- 柳井・平生（1回）
- 大分（1回）
- 宮崎（2回）
- 鹿児島（2回）
- 熊本（3回）
- 長崎（3回）
- 沖縄本島中南部（2回）

注）上記の実施回数は2007年時点

2・道路をつくる

35

自動車の所有者や使用者に対するインタビュー調査（アンケート調査）が代表的な方法です。この調査は、前述の道路交通センサスの他、高速道路会社等が独自に実施しています。

『物資流動調査 ―物の動きを調べる―』

　道路を利用する自動車は、人を移動させる乗用車やバスだけではなく、物を運ぶ貨物車も多いのが実態です。パーソントリップ調査と同様に、物が、いつ、どこからどこに、どのような交通手段で移動したかを調査するとともに、事業所や物流拠点などの保管場所についても調査します。大都市圏ではほぼ10年に1回実施されます。

●計画交通量に応じた道路の種類と基本的な道路構造の決定

　調査で得られたデータは専門技術者によって分析され、将来の交通量を予測した上で、様々な条件を考慮した道路網整備計画が策定されます。将来交通量の予測の技術は、大量のデータと非常に複雑な手順を扱うもので、コンピュータの利用が不可欠になっています。将来の計画交通量が決まると、道路の種類（種級）が決まり、さらに車線数や路肩などの基本的な道路構造が決まります。

●複数路線案からの概略計画の決定

　実際に道路をつくる場合には、どこに道路を通すのか、平面または高架・地下なのかといった、どのような道路構造にするかを決める必要があります。計画の最終段階として、複数の路線（道路計画代替案）を提示し、工事に要する費用や期間、コントロールポイント（他の道路や河川、歴史的施設など（3-3節参照））などを考慮した上で、その中から最も適切であると判断される路線を選定し、概略計画を決定します（図2-2-2）。また、近年では市民の参加（PI = Public Involvement）の観点が重視されています（2-4節参照）。

　さらに、事業実施の決定を行う前に環境影響評価を受けて、道路事業による環境への影響をチェックします。

図 2-2-2 複数路線案の比較検討例

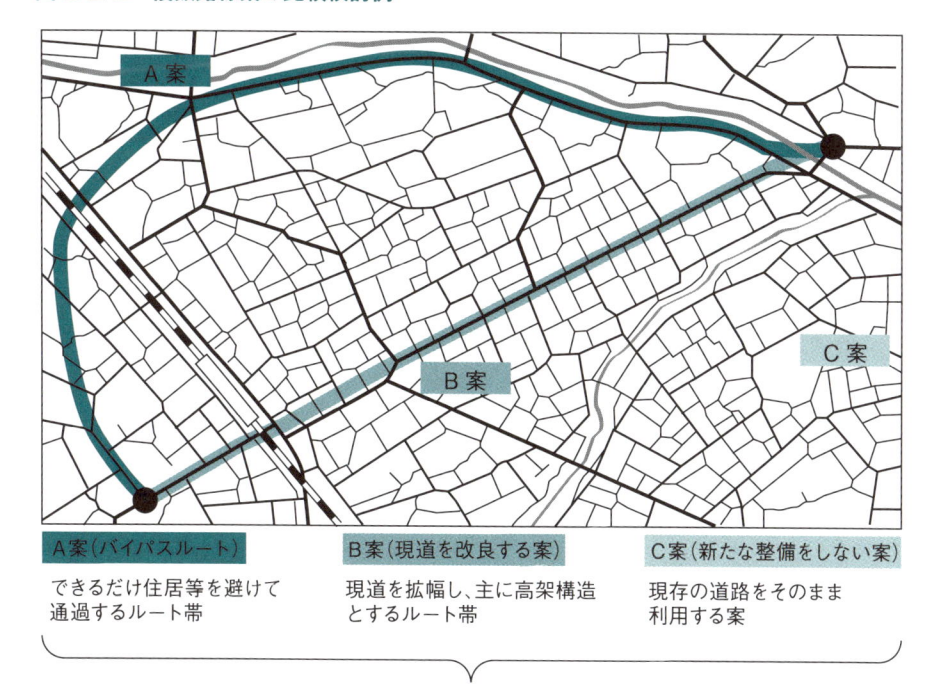

A案

B案

C案

2・道路をつくる

A案（バイパスルート）
できるだけ住居等を避けて通過するルート帯

B案（現道を改良する案）
現道を拡幅し、主に高架構造とするルート帯

C案（新たな整備をしない案）
現存の道路をそのまま利用する案

複数路線案より比較検討し、最適な路線を選定

2-3 道路事業の環境影響評価

●環境影響評価（環境アセスメント）と対象道路

　道路の環境アセスメントは、対象となる道路に応じて国の法律である環境影響評価法の適用を受けるか、地方公共団体の条例の適用を受けるかが変わってきます。国の法律である環境影響評価法では、対象道路を規模が大きく環境影響評価が必須とする第一種事業と、それに準ずる規模で評価を行うか判定を行う必要のある第二種事業とに分けています。第一種事業には、高速自動車国道と4車線以上の都市高速道路等、事業区間の長さが10km以上で4車線の一般国道と、長さ20km以上で2車線の大規模林道が規定されています。第二種事業は長さ7.5km以上10km未満の一般国道と長さ15km以上20km未満の大規模林道が対象となっており、環境影響評価を実施するかどうか個別に判定をする「スクリーニング」が必要となります（表2-3-1）。

　国の法律による評価の対象とならない場合でも、地方公共団体が制定する条例に規定されている場合はアセスメントが行われます。例えば4車線以上で一定の距離を有する道路というような規定により、県道や市道も対象となりえます。逆に国の法律の対象となっている場合には手続きの重複を避ける必要があるため、国の制度による手続きのみを適用することが適当であるとの中央環境審議会答申が出されており、地方公共団体では法律の規定に反しない手続きに関する事項を付加する程度の内容を取り扱います。

表2-3-1　道路の環境影響評価対象事業

道路の種類	第一種事業	第二種事業
高速自動車国道	すべて	────
都市高速道路等	4車線以上はすべて	────
一般国道	4車線で10km以上	7.5km以上10km未満
大規模林道	2車線で20km以上	15km以上20km未満

●都市計画事業における環境影響評価

　一方、事業が都市計画に定められる場合には、国道であっても事業者の代わりに都市計画決定権者である都道府県や市町村がスクリーニングの段階からアセスメント手続きを行います。その実施時期については都市計画手続きと併せてアセスメントが実施され、アセスメントの結果は都市計画に反映されることになります（図2-3-1）。

図2-3-1　都市計画道路のスクリーニング

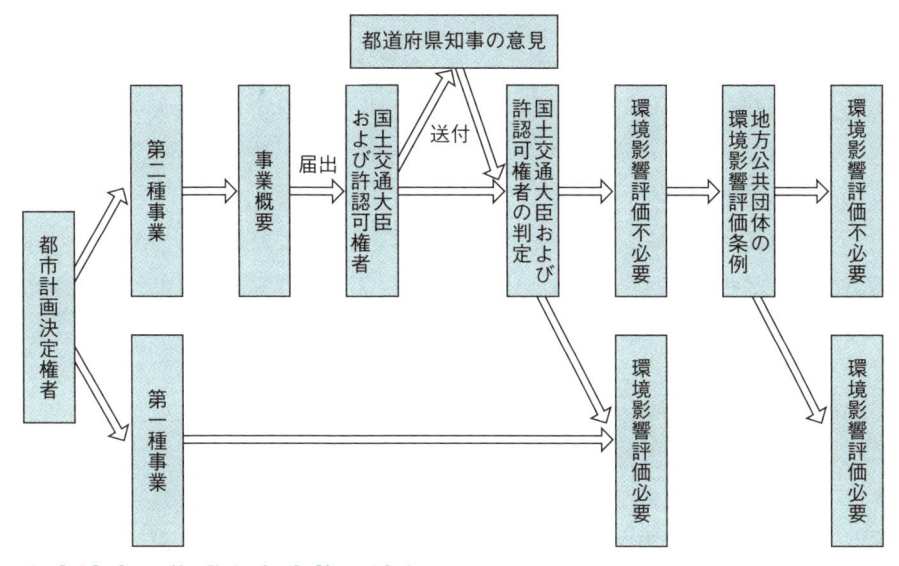

●方法書の作成から実施の流れ

　第一種事業または第二種事業で評価を実施する事業については環境影響評価方法書の作成が行われます（図2-3-2）。方法書はどのような項目についてどのような方法でアセスメントを実施するかに関する計画を示すもので、この作業を「スコーピング」といいます。この段階から住民が関与することができ、方法書の縦覧の後、知事や住民は意見を提出することが可能です。事業者はそれらの意見を踏まえてアセスメントを実施します。道路の環境評価項目としては以下が主に使用されます。①大気質（NO_2, SPM等）、②騒音、③振動、④水質、⑤地形及び地質、⑥日照阻害、⑦動物、植物、生態系、⑧景観、⑨廃棄物等

図2-3-2
方法書の作成に
関わる手続き

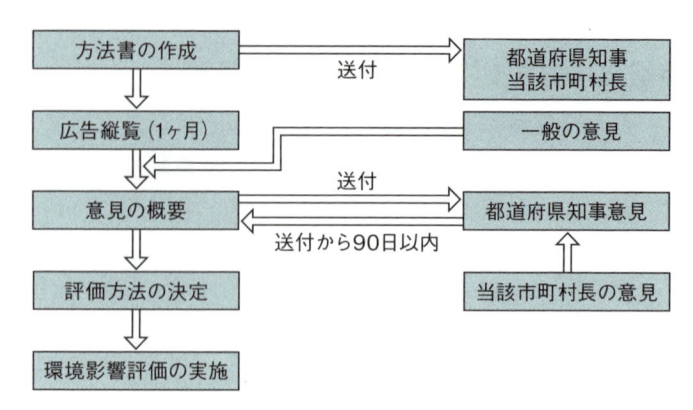

　実際の評価においては、計画されている道路について、前述の各項目に関する調査・予測を行い、さらに必要な環境保全措置を検討した上で環境影響が十分回避されているかが評価されます。ここでは国や地方公共団体の環境基準や目標と整合しているかがチェックされます。

　環境影響評価の結果は、環境影響評価準備書としてとりまとめられ、ここで事業者の環境に対する見解が示されます。準備書は縦覧に供せられ、説明会が開催されます。一般の人々は準備書の公表から1ヶ月半のうちに誰でも意見を出すことができます。知事は準備書の内容について、市町村長の意見を聴いた上で、一般の人々からの意見に配慮しつつ、事業者に意見を述べます。事業者はこれらの意見を踏まえて評価書を作成します。評価書は事業の許認可を行うもの（道路であれば国土交通大臣）と環境大臣に送付され、環境保全の観点から審査が行われます。その結果、環境大臣は許認可を行うもの（担当行政機関）に必要に応じて意見を述べ、許認可を行うものは、環境大臣の意見を踏まえて事業者に意見を述べます。事業者はこれを踏まえて評価書を補正します。評価対象が都市計画道路の場合にはその後、都市計画審議会での審議に付され、都市計画決定の告示と最終的な環境影響評価書の公告縦覧が併せて実施されます（図2-3-3）。

●戦略的環境アセスメント

　今後の環境アセスメントにおいて注目されている考え方に戦略的環境アセスメントがあります。道路のように事業段階の評価で提案しうる環境保全対策が路線位置など事業箇所の根本的変更までには及びにくい事業では、早期の計画段

階でのアセスメントが有効です。戦略的環境アセスメントでは、政策策定や計画策定段階で、社会経済面での影響を検討する作業と併せて環境評価を行うこと、複数案の比較や検討する環境項目を幅広くとるなどの工夫がなされます。すでに一部の地方公共団体ではこの考え方が条例として制度化されています。

図 2-3-3　準備書・評価書の作成手続きから事業の許認可・実施への流れ（都市計画道路の場合）

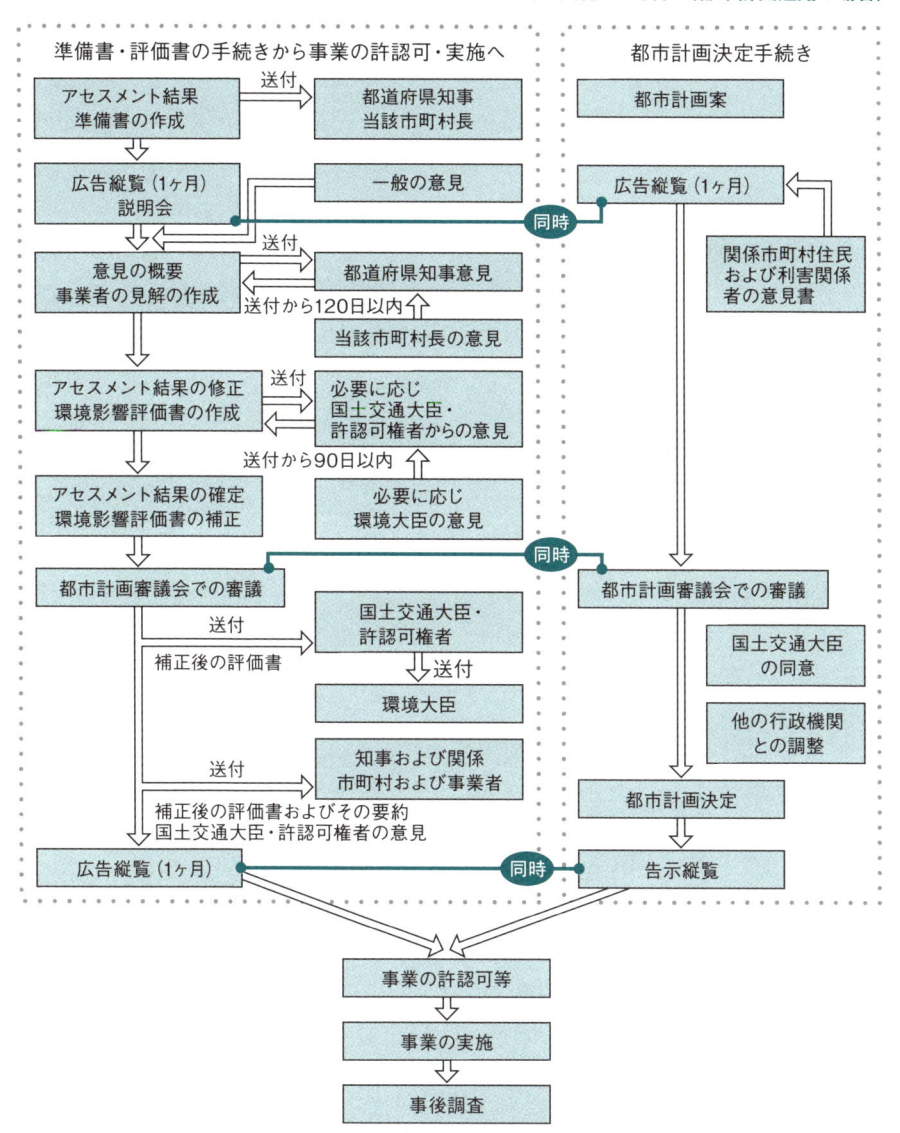

2-4 市民の参加

●計画段階の市民参加

　パブリックインボルブメント（Public Involvement ＝ 市民参加）は、道路計画等の初期段階から地域住民など関係する市民等に情報を提供した上で、意見やアイデアを聴き、計画づくりや意思決定に反映させる市民参画手法です。こうした考え方が定着する以前は、道路の計画が市民と関わりなく決定され、事業の開始とともに突如、市民の生活環境が脅かされる事態に社会的反発が強まるようになりました。道路は専門家による計画や設計に支えられて実現しますが、その社会的影響については、広く市民にも意思決定に参加する機会が事前に与えられるべきだとの考え方があります。この考え方は事業者から見ても、市民の合意を得るための代償措置や事後の補償によるコストを抑制する意味で合理的といえます。市民参加では参加の実質性が問題となります。アメリカの社会学者のアーンスタインは住民参加のはしごという考え方を示し、計画について非参加のレベルから、情報提供や意見聴取を含む形式的参加のレベル、市民が事業者の真のパートナーとして実質的に参加するレベルまでをわかりやすく説明しています（図 2-4-1）。

図 2-4-1　アーンスタインの住民参加のはしご

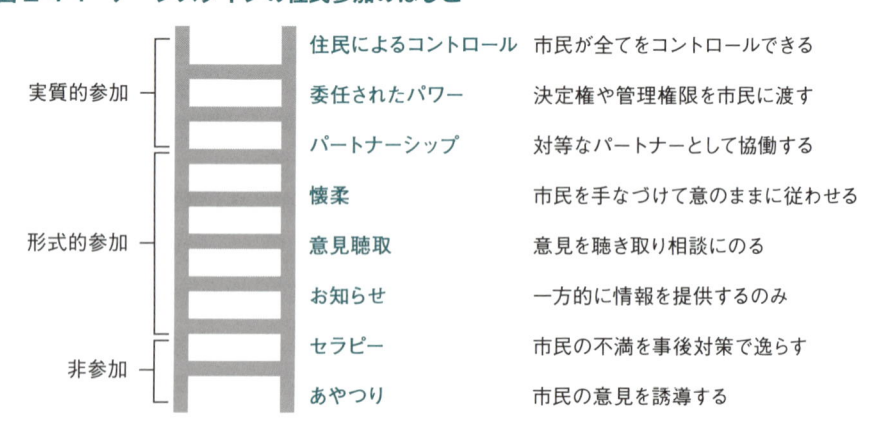

実質的参加	住民によるコントロール	市民が全てをコントロールできる
実質的参加	委任されたパワー	決定権や管理権限を市民に渡す
実質的参加	パートナーシップ	対等なパートナーとして協働する
形式的参加	懐柔	市民を手なづけて意のままに従わせる
形式的参加	意見聴取	意見を聴き取り相談にのる
形式的参加	お知らせ	一方的に情報を提供するのみ
非参加	セラピー	市民の不満を事後対策で逸らす
非参加	あやつり	市民の意見を誘導する

実質的な参加を実現する上で問題となるのは、一般の市民が専門家とともに協働することの難しさです。市民が気軽に参加して情報を容易に理解し、専門家とともに公平な判断と創造的な提案が行えるように様々な参加形態・方法が実践されています（表2-4-1）。

表 2-4-1　市民参加の実施において活用される手法

市民参加の手法	内　　容
オープンハウス	展示会場などでパネルや模型展示、パンフレットの配布、ビデオ放映等、説明を行うもの
現地見学会	施設の建設予定地を訪問し、計画内容や現状等について説明を受けるもの
シンポジウム	学識経験者や著名人による講演や関係者によるパネルディスカッションを聞き、事業内容やその社会的意義、課題に対する理解を深める
パンフレット等資料 ホームページ ニューズレター	インターネットのホームページやパンフレット等により事業内容について写真やデータを示しつつ、わかりやすく解説する
出前講座	地域の要請に応じて集会等に事業者が出向き、計画内容について解説を行い、市民の意見をきく
地域説明会	事業者が地域ごとに説明会を開催し、計画内容や現状の問題等について市民に説明を行う
委員会	学識経験者や関係者、公募市民、コンサルタント等により、技術的観点も含め様々な課題や事業の方向性について討議を行う
ワークショップ	参加者が様々なテーマについて情報を共有し、意見を交換する。グループ作業等を通じた体験を通じて、課題の抽出や整理、意見の集約を行う
パブリックミーティング	計画の内容等について事業者が説明を行い、市民から質問を受け意見交換を行う
パブリックコメント・意見の公募	計画案等を公表し、市民から意見を求め、その内容を案に反映させようとするもの
グループヒアリング	市民から少人数のグループを選出し、ヒアリング調査を実施して意見の集約を行う
アンケート	計画案等に対する意見や市民の意識を把握するために、特定の項目を質問形式でとりまとめ多くの人から回答を得る

これらの各手法の中でも環境デザイナーのローレンス・ハルプリンが「ワークショップ」をまちづくりの分野に取り入れて以来、日本では川喜田二郎が開発したKJ法と結びついて、この方法が一般的な合意形成手法として普及しました。ワークショップでは、参加者が計画の情報や意見を共有し、共同作業や現地を体験することもあります。また提案の作成や合意形成を目指す場合もありますが、その成否というよりもアイデアを出すことと体験することが重視されます。そこではファシリテーターと呼ばれる司会進行役の人が、参加者同士のコミュニケーションを促し、課題や意見をわかりやすく整理します。また市民参加の実効性を高めるためにはコミュニケーションの体制づくりも大切です。参加する一般の人々は、計画の直接の利害関係者にとどまらず、関心を有する地域住民、道路利用者、関係団体など幅広く想定され、道路管理者や地方公共団体とともに、公平な立場から助言等を行う専門家や第三者機関が加わる場合もあります。

●事業実施・運用段階の市民参加

　市民参加には事業の段階に応じて様々な参加形態があります。事業実施段階の参加には、事業実施モニター、コミュニティーセンターの運営や保険福祉活動の実施などの例がほかの分野にあります。道路の場合には、市民が道路の安全等に関わる情報を提供する道路モニターやアドプト（里親）制度の事例があります。アドプト制度では道路の近隣住民や地域団体が、行政管理者と合意書を交わし、道路の一定区画を養子とみなして自発的に清掃や除草、植栽など美化活動を行います。行政は、ごみの回収や里親の名称を記したサインボードの提供など活動のサポートを行います（図2-4-2）。この制度には管理者の業務・財政負担の軽減という側面もありますが、本来公的機関が実施する事業の一部を市民が担うことで、地域や公共施設への市民の愛着を深め、自主的なコミュニティー形成の機運が高まるといった効果も期待できます。

解説　KJ法：文化人類学者の川喜田二郎が情報を整理するために考案した、アイデアをカードに記入し、相互関係に基づいてカードを分類して、図式や文章にまとめる方法。

図2-4-2 アドプト制度のしくみ

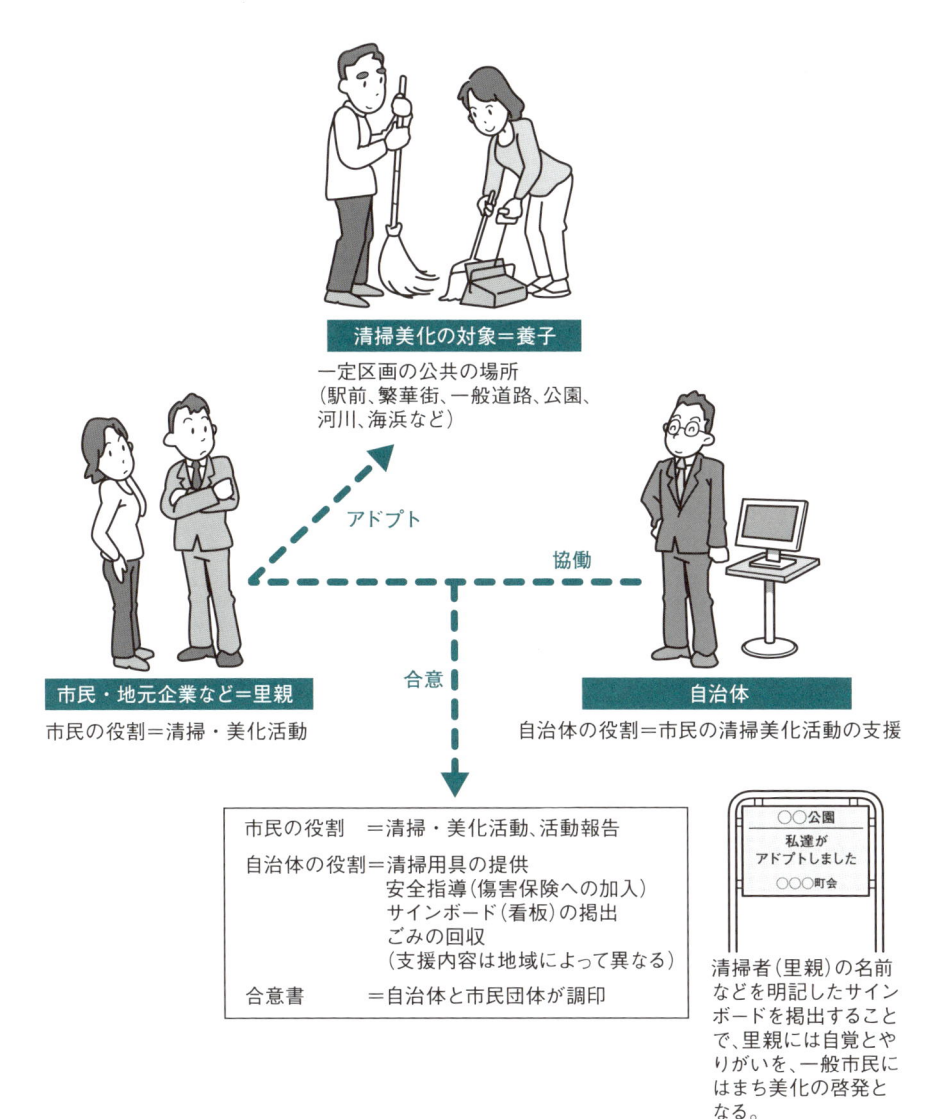

清掃美化の対象＝養子
一定区画の公共の場所
（駅前、繁華街、一般道路、公園、河川、海浜など）

市民・地元企業など＝里親
市民の役割＝清掃・美化活動

自治体
自治体の役割＝市民の清掃美化活動の支援

アドプト / 協働 / 合意

市民の役割　＝清掃・美化活動、活動報告
自治体の役割＝清掃用具の提供
　　　　　　　安全指導（傷害保険への加入）
　　　　　　　サインボード（看板）の掲出
　　　　　　　ごみの回収
　　　　　　　（支援内容は地域によって異なる）
合意書　　　＝自治体と市民団体が調印

○○公園
私達が
アドプトしました
○○○町会

清掃者（里親）の名前などを明記したサインボードを掲出することで、里親には自覚とやりがいを、一般市民にはまち美化の啓発となる。

2・道路をつくる

2-5 道路事業の執行

　公共事業として道路事業を進めるには、必要となる用地を計画的に確保することが重要です。道路事業の執行の流れは以下の通りです。

●道路事業執行の流れ

事業計画の説明：道路予定地及び沿道の地域住民・土地所有者など関係者への説明会を開催し、道路の必要性や効果の説明と道路が通る概略の位置を説明します。

測量・地質調査：路線予定地および近傍の土地に立ち入り、道路の中心線測量、現在の地形の縦横断測量、地質調査等を実施します。中心杭（赤色）を現地に設置します。

道路設計：測量・地質調査の結果に基づき道路の詳細な設計図（案）を作成します。

設計協議・用地説明：設計図をもとに関係者に具体的な説明を行い、用地補償に関する考え方の説明を行います。道路の高さ、取付道路等についても話し合います。

用地幅杭の打設設置：道路の詳細設計に基づき道路に必要な範囲を決定し、関係者の了解を得て用地買収の対象となる範囲を明示する用地幅杭（青色）を打設設置します。

用地測量・物件調査：土地の境界を確認し、移転対象建物等の物件の個別の測量及び調査を行い、用地面積の測量や補償物件の調査を行います。

測量・調査結果の確認及び補償金額の算定：土地の面積や移転建物等の物件の数量の確認をした後、権利者毎に補償基準に基づき補償金額を算定します。

用地協議（補償金額の説明）：権利者ごとに算定した補償金について説明し、用地買収及び補償の内容について、関係者の方と用地補償の協議（用地交渉）の話し合いをします。補償金額の合意が得られない場合や土地の所有者が不明の場合などには土地収用法による手続きをとることもあります（図2-5-1）。

契約の締結調印と登記手続：補償内容や土地の引渡し時期の承諾が得られれ

ば契約調印の後、土地の所有権移転登記事務を道路事業者が行います。

建物等物件の移転、土地の引き渡し：契約時に約束した時期までに建物等の物件の移転を完了し、土地の引き渡しをします。

補償金の支払い：土地の引き渡しを受けた後、補償金を支払います。

工事計画の説明：工事期間中の交通処理、沿道への影響、安全対策などを説明します。

工事施工：道路の建設工事を行います。工事中の相談も現場の監督官が対応します。

工事の完成：道路が完成し、交通開放・供用開始後、人や車が通れるようになります。

図 2-5-1　用地取得の手順

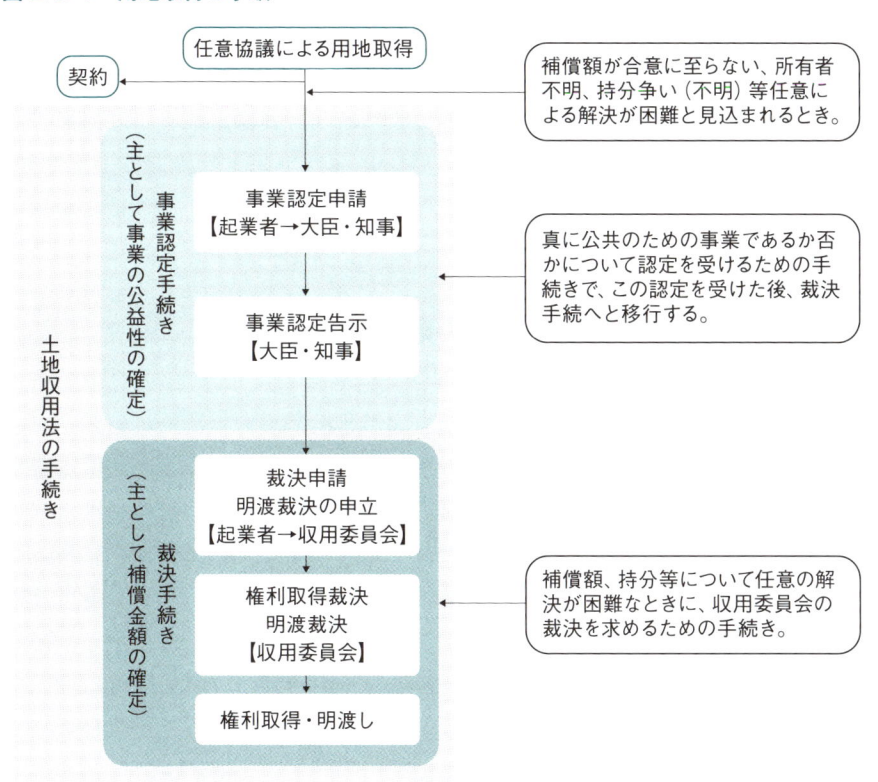

```
                    任意協議による用地取得
                            │
   ┌──契約◀──────────────────┼──── 補償額が合意に至らない、所有者
   │                        │      不明、持分争い（不明）等任意に
   │                        │      よる解決が困難と見込まれるとき。
   │                        ▼
   │                   事業認定申請
   │                  【起業者→大臣・知事】
   │                        │      真に公共のための事業であるか否
   │                        │◀──── かについて認定を受けるための手
   │                        ▼      続きで、この認定を受けた後、裁決
   │                   事業認定告示         手続へと移行する。
   │                  【大臣・知事】
   │                        │
   │                        ▼
   │                    裁決申請
   │                  明渡裁決の申立
   │                 【起業者→収用委員会】
   │                        │      補償額、持分等について任意の解
   │                        ▼◀──── 決が困難なときに、収用委員会の
   │                  権利取得裁決        裁決を求めるための手続き。
   │                   明渡裁決
   │                 【収用委員会】
   │                        │
   │                        ▼
   │                  権利取得・明渡し
```

（主として事業の公益性の確定）事業認定手続き
（主として補償金額の確定）裁決手続き
土地収用法の手続き

2-6 道路の改良

●道路改良事業の各種

　道路改良事業は、過去に整備され供用されている道路を現行の道路構造令に適合するように改良する事業です。混雑や事故の原因となる狭隘箇所の解消のための道路拡幅、カーブの曲率の線形改良、交差点の改良、歩道の設置や排水施設の改良等、道路本体の構造的な改築を行う事業をいいます。さらに広い意味では、街路整備事業や、未舗装の道路に舗装を新設したり、バイパス道路を整備して路線を変更する事業、交差点改良や踏み切り除去に伴い立体交差を新設する事業、橋の架け替えなども道路改良とみなすことがあります。特別な条件に該当する場合には道路特殊改良事業（第1種〜第4種）が行われます（表2-6-1）。なお、道路改良という言葉は、狭義には路面の凹凸が著しくなったような道路の路体（路床から原地盤までの間の土工部分）を改良する（作り直す）ことを意味する場合がありますが、これは必ず舗装の打ち換えを伴うもので、維持修繕の一環とみなすことができます。

●「道路法の道路」以外の道路の改良

　地方自治体が行う生活道路整備事業は、建築基準法第42条の2項道路や同法第43条第1項ただし書きの空地等、幅が4m未満の実質的に道路となっている場所を、沿道の私有地を道路用地に寄付してもらうなど土地所有者や建築主と協働して、車の通行や防災面で支障がないよう道路拡幅や排水施設の整備を行います。安全で災害に強いまちづくりを行うための事業ですが、対象とされる道路は道路法による道路ではないことがあり、私道の場合は工事補助として事業が執行されます（図2-6-1）。また、老朽化した住宅が密集している地区を対象に、建物の立替と狭隘な生活道路の改良を同時に行う事業として住宅地区改良事業があります。農業地域で行われる土地改良事業では、農道の改良が行われる場合があります。

表 2-6-1　道路特殊改良事業の種別

特殊改良 1 種	一定事業費額以下の小区間の改良に限り道路構造令によらずに改良する場合
特殊改良 2 種	局部的に道路の機能に支障がある急な曲がり角の改良や待避所の設置を行う場合
特殊改良 3 種	国道がルート変更等により国道ではなくなる場合に道路構造令に適合しない部分を改築する
特殊改良 4 種	道路整備計画外の道路構造令に適合しない車道幅員 3.5m 以上の未改良道路の簡易舗装を行う

図 2-6-1　生活道路の拡幅整備

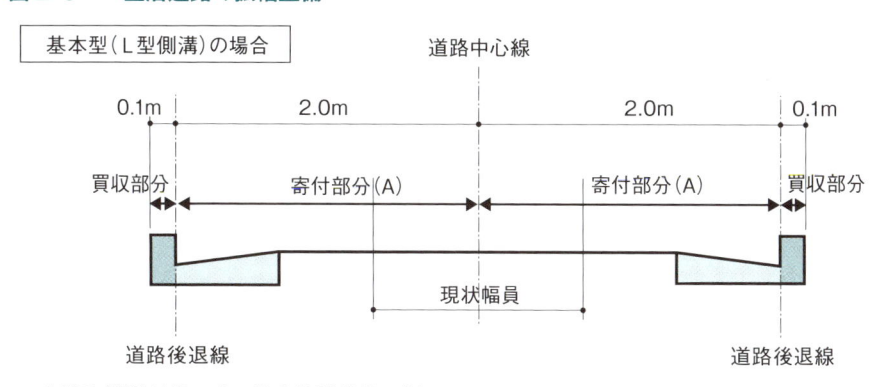

基本型（L型側溝）の場合

0.1m　　2.0m　　　　　　　　2.0m　　0.1m
買収部分　寄付部分(A)　　　　寄付部分(A)　　買収部分
道路中心線
現状幅員
道路後退線　　　　　　　　　　　　　道路後退線

工事補助（道路築造工事・排水施設整備工事）

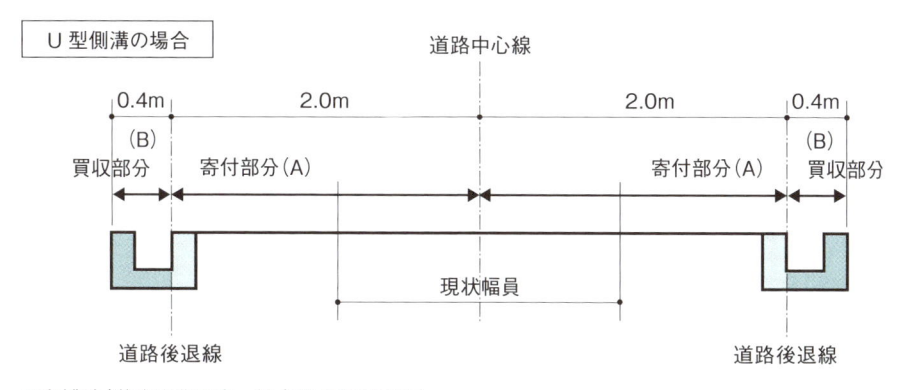

U型側溝の場合

0.4m　　2.0m　　　　　　　　2.0m　　0.4m
(B)　　　　　　　　　　　　　　　　　(B)
買収部分　寄付部分(A)　　　　寄付部分(A)　　買収部分
道路中心線
現状幅員
道路後退線　　　　　　　　　　　　　道路後退線

工事補助（道路築造工事・排水施設整備工事）

2-7 連続立体交差事業

●連続立体交差事業とは

　都市部では朝晩のラッシュアワーの時間帯に列車の運行間隔が短くなり、踏切の遮断機が下りている時間が長くなり、鉄道をはさむ両側の沿線地域は線路で分断されます。踏切では交通事故が起こる危険性も高く、交通量が多い道路では渋滞が発生し、移動時間や燃料の無駄など多大な経済的社会的損失が生じます。「連立」と略称される連続立体交差事業は、鉄道の一定区間を連続して高架化もしくは地下化することで、交通渋滞や事故の危険性を解消し、自動車や人の交通をスムーズにして利便性を向上させ、市街地の一体化を促進する道路整備の一環として行われる都市計画事業です。

●まちづくりを推進

　鉄道の立体化は、地下化が行われる場合もありますが費用が高額になるため、多くは高架化により実施されます。事業費の約9割は地方公共団体が国庫補助を含めて負担し、鉄道事業者も高架下の土地利用から利益が発生するため費用の約1割を負担します。都市再開発事業や土地区画整理事業と並行して実施することが可能であれば、まちづくりが一層推進されます。駅前広場の整備によりバスやタクシー、自家用車と鉄道の相互の乗り換えの利便性が向上し、周辺市街地の道路や建物の整備により、街の顔となる駅を中心とする地区の景観が一新されます。また、高齢者や身障者のためのバリアフリー化を含む、鉄道利用者の安全性・快適性に配慮したユニバーサルデザインによる駅舎施設の改良も行われます。

　高架下空間の貸付可能面積の15％までは、高架施設に賦課される公租公課相当分として国または地方公共団体が無償で利用でき、自転車や自動車の駐車場などの公共公益施設や商業施設も整備できます。また、鉄道線路のロングレール化や防音壁の設置など騒音対策や側道の整備により列車からの騒音・振動が減少し、踏切が除却されて警報音も消え、沿線地域の環境が改善されます。

図2-7-1 連続立体交差事業による効果

事業前

問題点
・踏切による交通遮断
・未整備の駅前広場
・未整備の市街地
・未整備の幹線道路など

事業後

改善点
・高架下空間の有効利用
・踏切の解消による都市交通の円滑化
・幹線道路の整備
・鉄道により分断されていた市街地の一体化
・駅前広場の整備
・駅の改良
・都市拠点の創出など

(写真提供：東京都建設局)

❗ 道路事業と建設業界

　道路整備のための調査や計画立案、設計の業務を、発注者（クライアント）となる国土交通省などの官公庁の出先機関（国道事務所など）、高速道路会社、都道府県庁、市区町村の役所・役場などの道路事業者から委託されて遂行する専門技術者をコンサルタントと呼びます。必要な実務を行う能力を証明する技術士（建設部門）などの資格を持つ専門技術者を雇用する建設コンサルタント会社が法人として登録し業務を受注します。

　実際に道路を建設する工事一式を直接受注し、工事全体の統括業務を行う建設業者（法人）は元請負業者といい、工事を一括受注する建設会社は総合建設業者またはゼネコン（英語の General Contractor の略）と呼ばれます。

　道路工事は多岐にわたる専門技術が組み合わされることが多く、複数の企業が合同で共同企業体（JV = Joint Venture）を組むこともあります。工事現場で元請業者を代表し請負契約履行のために現場に常駐し、一切の事項を処理し指揮管理する責任者を現場代理人と呼びます。現場代理人の資質を証明するため、「建設業を営む者の資質の向上」「建設工事の請負契約の適正化」「建設工事の適正な施工」などを確保するための建設業法に基づき、設計から実際の施工までの管理監督に必要な能力を認定する国家資格である1級及び2級施工管理技士の技術検定が行われています。施工管理技士を受検するためには所定の実務経験年数が必要です。

　大規模な工事では発注者側が予算条件や工法などにより工区（工事区間）や工期を分けることがあり、工事の費用をできる限り抑えるため、提示価格が一番低い業者を決定する入札が行われます。入札や受注をする業者は、建設業許可を取得していることが条件とされ、財政緊縮により公正取引が一層厳しく求められる中、建設業界も規律向上を図り業務を受注しています。

第3章

道路の設計

安全に使うことができる道路にするためには
きちんと設計しなければなりません。
日本における道路の設計の基本となる
道路構造令の要点を中心に解説します。

3-1 道路設計のプロセス

●道路の機能を考えた設計プロセス

　道路は、交通機能と空間機能の大別して2つの機能を持っています（1-1節参照）。また、道路構造令に基づく「道路の区分」とは、自動車の交通機能を中心に定められたものです。道路の車線数や設計速度、道路幅員などの基本的な構造は、「道路の立地条件」、「計画交通量」、「道路の種類」が決まれば、道路構造令に従って決められます。一方、自動車以外の歩行者や自転車の交通機能や、道路の空間機能は、この手続きでは十分に考慮されません。道路に求められる様々な機能に対応した設計をするためには、地域の状況に応じて植樹帯等や歩道・自転車道等の設計を行う必要があります。

●車線数はどうやって決まるのか？

　道路の基本構造は、道路構造令によって詳しく定められています。ここでは、道路の最も重要な基本構造であり、道路用地の取得費用・期間などに大きな影響をあたえる車線数の決定を例に説明します。

　「道路の区分」では、まず道路がある地域（立地条件）が地方部なのか都市部なのか、さらに高速自動車国道・自動車専用道路なのかその他の道路なのかで、第1種〜第4種の「種別」が決まります（表3-1-1）。その上で、計画者が定める計画交通量（台／日）と、国道か都道府県道か等の道路の種類、道路のある地域の地形等の条件により、第1級〜第5級の「級別」が決定されます（表3-1-2）。例えば、都市部の市道で計画交通量が7,000台／日の道路は4種2級となります。

　道路の種級が決まれば、道路構造令にしたがって車線数を決めることができます。道路構造令には車線数の決定のみに使われる設計基準交通量（台／日）が定められています。原則として計画交通量よりも2車線道路の設計基準交通量が多い場合は2車線道路になり、少ない場合は4車線などの多車線道路となります。4種2級道路の場合、設計基準交通量は10,000台／日と

定められていて、計画交通量（7,000台／日）よりも設計基準交通量が多いため2車線になります。もし、計画交通量が12,000台／日であれば、設計基準交通量を上回るため4車線になります。実際の計算では、交差点数の多い4種道路における補正値や、1級下の級の適用、計算の端数が小さい場合の切り捨てなど、柔軟な検討が可能になっています。

●設計車両と設計自動車荷重

道路の車線の幅やトンネルの断面の大きさ、橋梁などの構造物の強度は、道路を利用する自動車や自転車等の大きさや重さを元に設計されます。道路構造令では、小型自動車（車幅1.7m×車長4.7m）、普通自動車（車幅2.5m×車長12.0m）、セミトレーラ連結車（車幅2.5m×車長16.5m）を設計車両とし、道路の種級区分に応じて設計車両の組み合わせが定められています。車道空間の建築限界の基準となる設計車両の高さは3.8mです。自転車は走行中の揺れを考慮して幅1m×高さ2.25m（運転者を含む）、歩行者と車椅子は占有幅75cmとされています。舗装や橋にかかる重量の基準として、設計自動車荷重は20トン（高速自動車国道では25トン）と定められています。

表 3-1-1　道路の区分（種別）

高速自動車国道及び自動車専用道路又はその他の道路の別	道路が存在する地域	
	地方部	都市部
高速自動車国道及び自動車専用道路	第1種	第2種
その他の道路	第3種	第4種

表 3-1-2　第4種道路の区分（級別）

道路の種類	計算交通量（単位：1日につき台）			
	10,000 以上	4,000 以上 10,000 未満	500 以上 4,000 未満	500 未満
一般国道	第1級		第2級	
都道府県道	第1級	第2級	第3級	
市町村道	第1級	第2級	第3級	第4級

(出典：道路構造令　運用と解説)

3-2 道路の横断面構成と幅員

●横断面の構成要素

　道路の幅員を決めるためには、道路の基本的構成要素の検討が必要です。以下では、道路構造令による主要な構成要素別（図3-2-1）に概説します。

車道（車線等により構成される道路の一部）：車道は原則として車線により構成されます。車線幅員は、設計車両の幅（最大2.5m）にすれ違いや追越しに必要な余裕幅を加えたもので、道路の種類と設計速度に応じて、2.75〜3.5mの間で25cm刻みに設定されます。広すぎると並走の問題が発生します。

中央帯：車両の対向車線への逸走による重大事故防止や右折帯の設置余裕、夜間の対向車のライトの眩光防止などの交通機能や防災・景観の形成機能、植樹による緑化空間の確保などの空間機能を持たせるため、多くの4車線以上の道路や設計速度が高い道路は、中央帯により上下線が分離されます。

路肩：道路構造令による路肩の正確な説明は多少複雑ですが、一般的には車道や自転車道の側方部に設けられる帯状の道路の部分のことです。中央帯または停車帯を設ける場合を除き、本来全ての道路には路肩を設ける必要がありますが、特別な場合は路肩の省略や縮小が認められています。

停車帯（車道の一部）：沿道施設へのアクセス需要が多い4種道路（4級を除く）では、自動車の駐停車によって車両の通行を妨げないようにする必要性から、車道の左側に停車帯が設置されます。停車帯の標準幅員は2.50mですが、大型車の混入割合が低い場合は1.50mまで縮小が認められています。

自転車道、自転車歩行者道および歩道：歩道、自転車道は、通行機能や沿道施設の利用、立ち話等の滞留機能などの交通機能だけではなく、開放感のある市街地形成や植樹による沿道環境の向上等の空間機能が重視されます。道路占用物の収容スペースの役割もあります。これらの幅員の基準としては、歩道で歩行者の多い場合は3.5m以上、それ以外では2.0m以上、自転車歩行者道で歩行者の多い場合は4.00m以上、それ以外では3.0m以上とされています。近年のバリアフリーの浸透や自転車利用促進の社会背景等をから、

今後はより柔軟な設計が求められる重要な道路構成要素になります。

植樹帯、環境施設帯：4種1級と同2級の道路では、道路交通の安全性・快適性、沿道の良好な生活環境維持などを目的として、植樹帯の設置が原則として必要とされています。植樹帯の幅員は1.5mが標準ですが、都心部や景勝地など地域特性に合った構成とすることが求められます。また、幹線道路の沿道の生活環境保全を目的とした道路部分として環境施設帯があります。環境施設帯は、植樹帯や路肩、歩道、福道等で構成されており、幹線道路沿道の住居状況等を考慮して、車道端から幅10mを確保することになっています。

副道（車道の一部）：主に車両の沿道への出入り確保が必要な場合に、4車線以上の第3種と第4種の道路に必要に応じて設けられ、幅員は4mが標準とされています。

軌道敷、路面電車停留場：軌道敷や路面電車停留場とは、路面電車が通行する道路部分および路面電車利用者のための交通島等の施設のことで、軌道敷の幅員は単線で3m以上、複線で6m以上が必要です。

建築限界：安全確保のため、標識や信号機を含む、通行の障害になるものを設置できない、車道の路面から高さ4.5m、歩道と自転車道では高さ2.5mの範囲のことです。

図 3-2-1　2車線道路の横断面構成の例

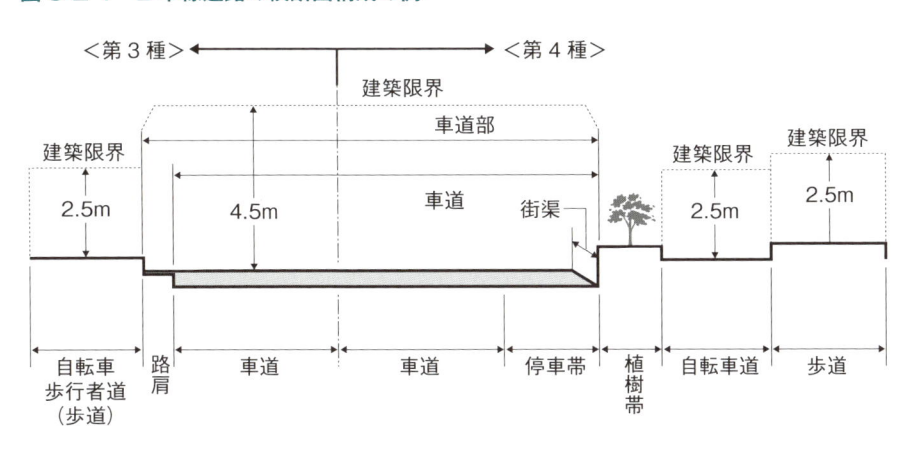

（出典：道路構造令　運用と解説）

3-3 道路構造の計画

●道路構造と線形設計の留意点

トンネル構造：山間部など自然条件が厳しい場合には、トンネル構造が検討されます。トンネル構造は、切土や盛土といった一般土工部と比較して建設費が高いだけではなく、照明や排気などの維持管理費もかかることに留意が必要です。また、閉鎖された道路空間となるため、自動車の走行性への影響、渋滞の発生原因や重大事故の危険性についても配慮が必要です。トンネル構造かそれ以外の構造とするかの比較検討を行うケースとしては、直線的なトンネル構造と山を迂回する場合の比較や、緩やかな縦断勾配のトンネル構造と縦断を高くして峠や尾根を切土で通る案の比較などを行う場合があげられます（図3-3-1）。

橋梁構造：橋梁構造は、トンネルと同様に高い工事費や管理費などについて経済的な検討が必要です。

●コントロールポイント

　経済性を考えると、最短距離となる直線による路線設計が望ましいのですが、コントロールポイントを考慮した線形を計画する必要があります。

　路線選定にあたり、技術的・社会的に大きな制約となる場所のことをコントロールポイントといいます。急峻な地形などの自然条件、既存の主要道路との接続性、関連公共事業、学校や国立公園などの環境条件、国宝などの文化財、空港や鉄道駅などの公共施設などがコントロールポイントになります（表3-3-1）。コントロールポイントは、十分に調査を実施した上で、それを避けるか、あるいはやむを得ず通過させるかについて、社会的影響や工事費用、維持管理など総合的に判断することが必要になります。

●路線の評価

　複数路線案から最適な1つの路線を選定するためには、合理的な路線案の

評価が求められます。建設費用や管理費用を直接比較するだけでなく、近年では費用と便益の比率をとった費用便益比が用いられています。費用は、道路の建設費や維持管理費などのコストで円を単位として集計することができます。便益は、現在の道路を基準として計画された道路が供用された場合の走行性の向上（時間短縮等）や交通事故の削減効果などをもとに、これも円に換算されて算出されます。便益を費用で割ったものが費用便益比で、1.0よりも大きければ、かかった費用よりも得るものが多いと一般的には判断されています（1-7節参照）。

図3-3-1 トンネル構造かそれ以外かの比較

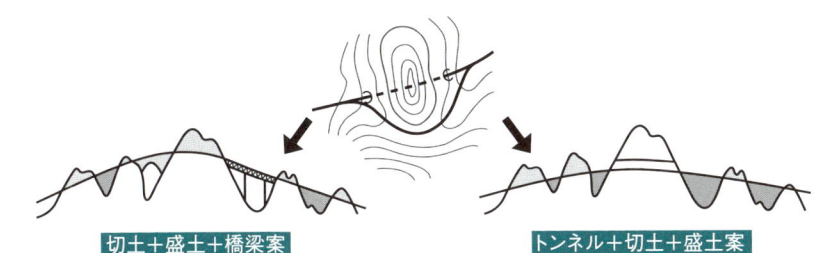

切土＋盛土＋橋梁案　　　トンネル＋切土＋盛土案

表3-3-1 コントロールポイントの種類と内容

項目	順位	一次コントロール（必ず避ける場所）	二次コントロール（できれば避ける場所）
自然条件	地形	・山脈、山塊、渓谷 ・主要河川の架橋地点（長大トンネル、長大橋梁の位置の決定）	・峠、大切り土、大盛り土、長大切り土法面 ・湖沼、池、中小河川
	地質、土質	・大規模な地すべり地帯、崩壊地帯	・軟弱地盤地帯、崖錐地帯、断層の方向
	気象	・大規模雪崩地区、標高の高い濃霧多発地区および路面凍結予想地区（標高800m以上はできるだけ低いほうを選ぶ）	・吹きだまり、地吹雪、雪崩、強風の予想個所
関連公共事業		・インターチェンジ位置と取付け道路との関係 ・重要な主要道路や鉄道との交差位置（改良、新設事業とも） ・都市計画事業	・インターチェンジ付近の線形、交差個所 ・農業構造改善事業、土地区画整理事業（仮換地の期間が長い）
環境条件	社会環境	・学校、病院、老人ホーム、養護施設、住宅密集地	・集落、工場、工業団地
	自然環境	・厚生自然環境保全地域 ・自然環境保全特別地区 ・国立公園特別保護地区、特別地域第一種	・自然環境保全地域 ・国立公園特別地域第二、第三種および普通地域 ・県立公園、公園
文化財など	文化財（有形文化財のうち建造物のみ）	・国宝、重要文化財	・文化財、社寺、仏閣
	記念物	・特別名勝、特別史跡、特別天然記念物	・名勝、史跡、記念物
公共施設		・空港、大規模鉄道駅、大規模港湾、電波受信施設、貯水池、大規模発電所	・鉄道、道路、港湾、漁港、電波発信所施設、送電線

3-4 線形設計の考え方

●線形計画に必要な考え方

　自動車の運転者の操作の大部分は、交通状況を目で確認しながら行っています。運転中に道路のどの範囲までを見ることができるかは、安全性・快適性にとって重要です。この運転者が道路上で見通すことができる距離を当該車線の中心線に沿って測った長さを「視距」といい、道路線形計画にとって重要な指標です（図3-4-1）。幅員、曲線半径、勾配などが基準値どおりであっても、途中に障害物等があって視距が十分確保されていなければ好ましい道路とはいえません。道路構造令における視距とは、運転者が車線の中心線上1.2mの高さ（A）から同じ車線の中心線上にある高さ0.1mの物の頂点（B）を見通すことができる距離です。視距には、制動停止視距と追越視距があります。

●制動停止視距

　制動停止視距とは、前方に障害物を発見してその手前で停止するための見通し距離で、すべての種類の道路上で確保することが求められます。制動停止視距 D [m] は、速度 V [km/h]、タイヤと路面との縦すべり摩擦係数を f、反応時間を2.5 [s]、重力加速度 $g=9.8$ [m/s^2] とすると、以下の式で算出されます。

$$D = 0.694V + 0.00394\frac{V^2}{f}$$

　式の右辺第一項が対象物を発見してからブレーキを踏みはじめるまでの空走距離で、第二項がブレーキを踏んで減速しながらの制動距離です。道路構造令では、道路面の湿潤状態や車両の走行速度を設計速度以下とすることなどを考慮して基準値が設定されています（表3-4-1）。なお十分な視距を確保することが難しい場合がある3種5級や4種4級の道路では、道路反射鏡（カーブミラー）などを導入すれば視距を短縮することが可能となっています。

●追越視距

　追越視距とは、2車線道路で対向車の影響を考慮した上で、安全に追い越しができるための見通し距離のことです。追い越し車が、追い越しを開始して完了するまでの距離と、その間に対向車が接近してくる距離を合計したものです。例えば、追越車両と対向車両の速度が共に60km/hで、被追越車両の速度が45km/hの場合、必要となる追越視距は250mとされています。しかし、実際の設計では全区間で追越視距を確保することは不経済な設計となってしまうことがあるため、最低1分間走行するうちに1回（やむを得ない場合は3分間に1回）は、追越視距を確保することが求められています。

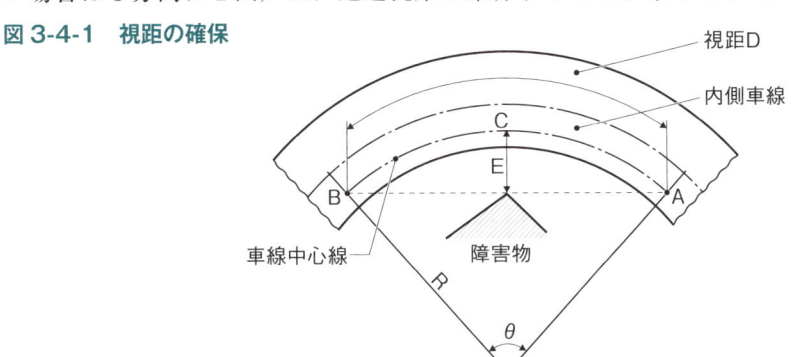

図 3-4-1　視距の確保

表 3-4-1　湿潤状態の路面の制動停止距離

設計速度 (km/h)	走行速度 (km/h)	f	$0.694V$	$0.00394\dfrac{V^2}{f}$	D (m)	基準値 (m)
120	102	0.29	70.7	141.3	212.0	210
100	85	0.30	58.9	94.8	153.7	160
80	68	0.31	47.1	58.7	105.8	110
60	54	0.33	37.4	34.8	72.2	75
50	45	0.35	31.2	22.8	54.0	55
40	36	0.38	24.9	13.4	38.3	40
30	30	0.44	20.8	8.1	28.9	30
20	20	0.44	13.9	3.6	17.5	20

（出典：道路構造令　運用と解説）

3-5 平面線形の設計

●平面設計の基本要素

　道路設計の基本要素は、「直線」「円曲線」「緩和曲線」の3つで、道路の平面線形はこの組み合わせで構成されています（図3-5-1）。直線は、最も基本的な線形で、2地点間を最短距離で結べます。一方、直線道路の景観は単調で運転者への刺激が少ないため居眠運転やスピードの出しすぎを誘いやすく、長い直線はできるだけ避けることが求められています。また、地形になじまない場合に無理に直線を導入すると工事費の増加による経済性や施工性に問題が発生します。円曲線は半径が一定の曲線部で、視界の変化が運転者に適度な緊張感を与えることや地形の変化に対応した柔軟な設計が可能です。一般的には円曲線の半径は大きいほどよいのですが、前後区間とのバランスが一番重要になります。なお、道路の設計速度に応じて標準の半径が定められています。緩和曲線は、直線と円曲線の間、あるいは半径の異なる円曲線間に設置され、急なハンドル操作をさせない効果があります。一般的には自動車の角加速度が一定、つまり一定速度で運転中にハンドルを一定の速さで切って走る場合の走行軌跡曲線であるクロソイド曲線が用いられます（クロソイド曲線については5-2節参照）。

●道路の屈曲部での留意点

　屈曲部（円曲線や緩和曲線）の設計では、以下の点に留意します。
最小曲率半径：カーブを走行するときには、車両にはカーブ外側に向かって遠心力が働くため、車両の横滑り防止や運転者の快適性に配慮した設計が必要になります。例えば、道路構造令では、設計速度100km/hの最小曲率半径は460m、望ましい曲線半径は700mとされています。
曲線長：ハンドルのむやみな切り返し操作などをさせないために、曲線部の最低長が定められています。少なくとも通過に6秒以上を要するような長さが適切であるといわれています。

片勾配：一般に道路の曲線部には、車両の遠心力を低減させるために道路横断方向に傾斜（片勾配）がつけられます。設計速度が早い道路では、より急な角度の片勾配が導入されますが、最大値は10％（100mの距離で10mの上下変化）とされています。

拡幅：車両には前輪と後輪があるため、曲線部を通行する際には内輪差が生じてしまいます。これに対応するために、必要に応じて車線の内側を拡幅することが必要です。

緩和曲線長：遠心力の急激な変化や、片勾配の区間への路面の急なすりつけを防止するために、緩和曲線（クロソイド曲線）が導入されます。ハンドル操作に無理のない時間としては、3〜5秒が必要とされており、道路構造令では、設計速度100km/hの緩和区間の長さは85mとされています。

●曲率図による平面線形の検討

平面線形の設計の基礎となる図面に曲率図があります（図3-5-2）。横軸は道路延長、縦軸は曲率（半径R）になります。曲率図を用いることで、円曲線の接続や緩和曲線のバランスなど、道路線形の全体的な構成を確認することができ、避けるべき設計を確認することも行えます。

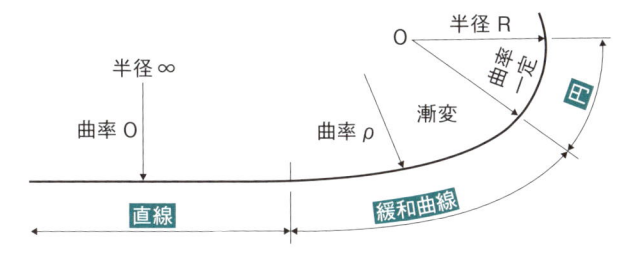

図 3-5-1
平面線形の構成

（出典：交通工学（改訂版）国民科学社）

図 3-5-2
平面線形の曲率図

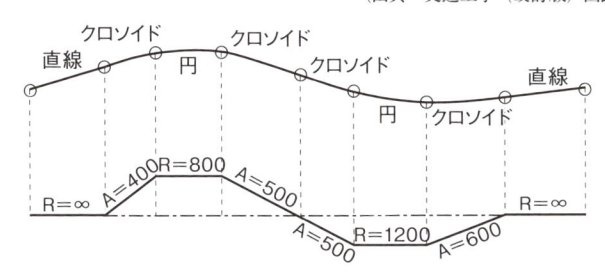

（出典：道路構造令　運用と解説）

3-6 縦断線形の設計

●縦断勾配と縦断曲線

　縦断線形には2種類あり、そのうちの1つが道路の進行方向の上りや下りに関する縦断勾配です。極端に急な上り坂では、貨物車両などに大きな減速を強いるなど、縦断勾配は車両の走行に大きな影響を与えます。しかし、すべての車両が設計速度を維持するように道路を設計することは、経済的に合理的ではありません。そのため、道路構造令では、乗用車は平均走行速度で登坂できるように、トラックは設計速度の1/2で走行できるように最大値を定めています（表3-6-1）。トラックの混入率が高いなど速度低下が著しい場合は、登坂車線を設置し低速車の影響を低減します。高速道路や設計速度が100km/h以上の道路では縦断勾配が3%以上で、その他の道路では5%を超える場合に、必要に応じて幅員3mをとって、登坂車線を設けることになっています。

　一方、縦断勾配が変化するところに導入される線形が縦断曲線です。縦断勾配が変化する部分としては、勾配が凹型に変化する部分と、その逆の凸型に変化する部分があります。凹部では衝撃緩和、凸部では視距確保のために、一般的には二次曲線の放物線を用いた縦断曲線が導入されます。ただし、縦断曲線の長さが短い場合には、円曲線とみなして差し支えないとされています。凹部における衝撃緩和、および凸部における視距確保のための必要な曲線長は、以下の計算式で算出することができます。

$$凹部\ L = \frac{V^2 \Delta}{360} \quad 凸部\ L = \frac{D^2 \Delta}{398}$$

L: 縦断曲線長 [m], V: 走行速度 [km/h], D: 視距 [m], Δ: 縦断勾配の差の絶対値 [%]

　各式を用いると、各設計速度に対する縦断曲線半径の規定値が求められます（表3-6-2）。しかし実際の設計では、安全性や快適性を考慮し、この規定値の1.5～2.0倍程度の値が用いられます。ただし、縦断勾配が下りから上りに変化するサグ部においては、必要以上に大きな凹型曲線半径を用いると、

上り坂になったことに気づかないドライバーによる減速が後続車に伝搬して、渋滞の発生原因となるため、平面設計を含めて視距を十分に確保することが必要になります（図 3-6-1）。

表 3-6-1 普通道路の縦断勾配および制限長

設計速度 (km/h)	縦断勾配(%)および制限長(m) 一般の場合	特別の場合 縦断勾配	特別の場合 制限長	設計速度 (km/h)	縦断勾配(%)および制限長(m) 一般の場合	特別の場合 縦断勾配	特別の場合 制限長
120	2	3 4 5	800 500 400	50	6	7 8 9	500 400 300
100	3	4 5 6	700 500 400	40	7	8 9 10	400 300 200
80	4	5 6 7	600 500 400	30	8	11	—
60	5	6 7 8	500 400 300	20	9	12	—

表 3-6-2 縦断曲線の半径と長さ

設計速度（km/h）	縦断曲線の半径（m） 凸型曲線	縦断曲線の半径（m） 凹型曲線	縦断曲線の長さ（m）
120	11,000	4,000	100
100	6,500	3,000	85
80	3,000	2,000	70
60	1,400	1,000	50
50	800	700	40
40	450	450	35
30	250	250	25
20	100	100	20

図 3-6-1 サグ部での渋滞発生の仕組み

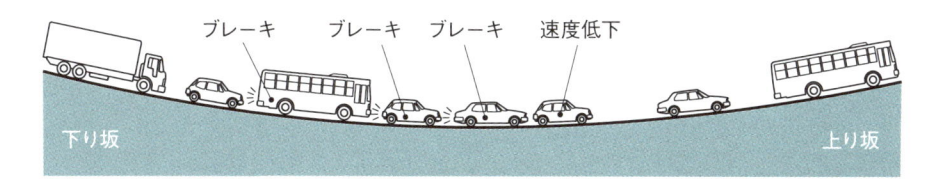

（出典：道路構造令　運用と解説）

3-7 平面線形と縦断線形の組み合わせ

●良い立体線形とは

　安全な道路を設計するためには、走行中のドライバーから前方の道路がどのように見えるかを考慮する必要があります。道路は凹凸のある地表面を這う3次元の帯のような形状をしていますので、平面図や縦断図を個別に見るだけではなく、その組み合わせを考えなければなりません。この平面線形と縦断線形の組み合わせのことを立体線形といいます。立体線形の課題としては、①ドライバーが現在見ている道路の姿から、この先どのように進んでいくのかを徐々に把握しやすくする（自然な視線誘導）、②事故や渋滞の発生を避けるために、安定した走行速度を維持すること、の2点が大切です。そのために走行する道路の縦断勾配を見誤らせる錯視が生じないようにするなどの課題があります。良い立体線形の例としては、縦断曲線のサグ（底部）とクレスト（頂部）の位置が平面曲線のIP（折れ点）に合っているものがあります（図3-7-1）。これは平面曲線の変化を前方視野内で把握しやすくするための工夫です。逆に先の見えにくいクレストで曲線が反対に曲がり始めると、前もって走行方向を運転車に認識させることが難しくなります。

図3-7-1　良い線形の例

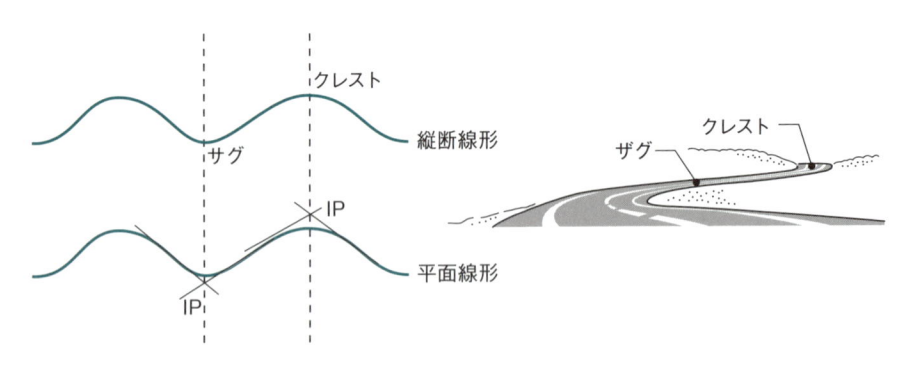

次のクレストまで平面線形の変化を把握しやすい

●さまざまな錯視とその対策

　望ましくない錯視が生じる例として、長い直線区間が凹型の縦断曲線となっているときは、前方の上り勾配がよりきつく感じられために、必要以上に加速する車両が事故を起こす可能性があります（図3-7-2）。さらに凹型の縦断曲線で同じ方向に屈曲する曲線間に短く平坦な直線区間が入ると、直線区間が浮き上がって見えることもあります（ブロークンバックカーブ）。

　また平面と縦断の曲線の大きさのバランスも考えなければなりません。例えば一つの平面曲線に対して変化の多い小さな縦断曲線が繰り返されると、縦断の凹凸が強調され不連続な見え方となります。自動車で走行しているときのドライバーの有効な視野（動態視野）は通常よりも狭くなるので、道路線形は一層目に入りやすい存在となります。線形を視覚的に滑らかに見せて存在感を緩和することは、沿道の風景を楽しめる道づくりをする上でも大切です。

　実際にはこうした立体線形の効果は道路の線形のみならず、沿道の地形や植生などの要素の影響を受けます。従ってこうした視線誘導や錯視の問題を検討するためには、3次元の地形と道路のモデルを作成し、CG（コンピュータグラフィクス）によるアニメーションにより検討することが望まれます。

　このような立体線形上の課題は、道路設計上の対策によっても緩和することができます。クレストの先の平面線形が予期しにくい場合には並木植栽（視線誘導植栽）など誘導指標となる要素を導入することで改善することが可能です。

図 3-7-2　錯視を生じさせる線形

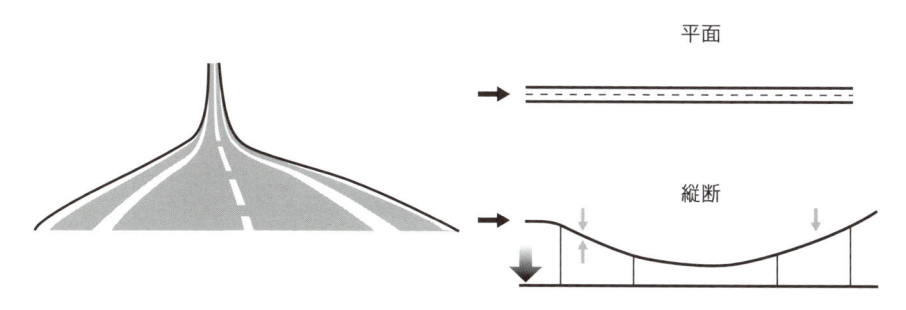

3-8 交差点の設計

●交差点の設計について

　交差点は、個々の道路を交差・接続させ、道路ネットワークとして機能させる役割を持ちます。交差点には通常多くの交通流が集中し、信号によって制御されることから交通の隘路（Bottleneck）となることが多く、交通流の円滑化に配慮した設計が必要になります。また、交通事故の半数以上が交差点部で発生していることからも、安全性についての検討も重要になります。道路の交差接続部は、平面交差点以外にも立体交差（3-9節参照）があります。4車線以上の道路同士が交差する場合は、原則として立体交差とすることになっています。

●平面交差点の基本

　平面交差点には、交差点に集まる道路（枝）の数によって、3枝交差（T字型、Y字型）、4枝交差（十字型）、多枝交差点、ラウンドアバウト（ロータリー）などに分類されます（図3-8-1）。平面交差点の設計の基本は、単純でコンパクトにすることです。そのため、交差する枝数は原則として4以下にします。また、枝の交差角はできるだけ直角にすることで、交差点の大きさがコンパクトになります。望ましくない交差点形状としては、食い違い交差があげられますが、図3-8-2にその改良例を示します。また、右折車線は、交通容量の低下や事故の防止を目的として、設計交通量が少ない場合などを除いて導入することが原則となっています。平面交差点間の間隔は、隣接交差点での車線変更による走行車両の織り込み状況や、信号制御時の滞留長が隣接交差点に達しないことなどに配慮する必要があります。

●平面交差点の交通制御

　平面交差点を交通制御で分類すると、無信号交差点と信号交差点に分けられます。無信号交差点の場合、通常どちらかの道路に優先権があり、他方の

道路では一時停止による安全確認が必要となります。一時停止の交通規制が一般的ですが、コミュニティ・ゾーンや安心歩行エリアなどの交通安全・静穏化が検討されている地区内道路では、ハンプ（道路上の凸部）や狭さくを導入して速度抑制を図る場合もあります（9-3節参照）。信号交差点は、交通流を進行方向別にグループ化して通行権を時間配分して信号機で明示することで、円滑性・安全性を確保します。信号の制御は、現示と制御パラメータで定められます。現示とは、1組の交通流に与えられる通行権（青信号や矢印信号）のことで、一般的に現示数を多くすると通行権のルールが明確になるため交通安全性は向上しますが、現示の切り替わり数が増加して損失時間（全赤時間など）が多くなるために交通処理の効率は低下するため、バランスが重要になります。制御パラメータには、サイクル長（信号周期：現示が一順する所用時間で、単位は秒）、スプリット（青時間比：1サイクルの中で各現示に割当てられる時間で、単位は秒または％）、オフセット（複数信号を同期して制御する場合の青開始時間のズレで、単位は秒または％）があります。

図 3-8-1
平面交差点の形状

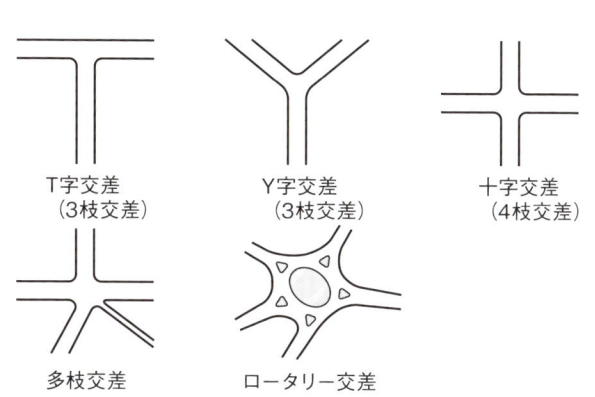

T字交差（3枝交差）　Y字交差（3枝交差）　十字交差（4枝交差）

多枝交差　ロータリー交差

（出典：交通工学、国民科学社）

図 3-8-2
食い違い交差の改良例

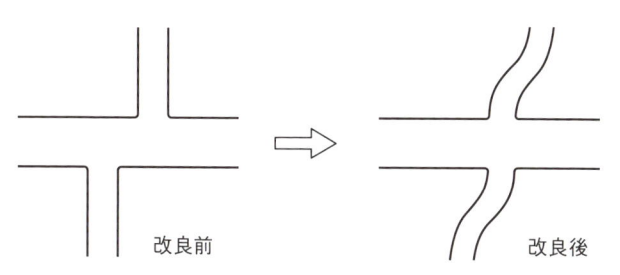

改良前　改良後

3-9 立体交差の設計

●立体交差の導入

　立体交差は、交通の円滑性・安全性の向上を目的として、交差する道路を空間的に分離して相互の影響を軽減・削除する交差方法です。構造形式は、オーバーパスとアンダーパスに分かれます。道路構造令では、1種と2種道路は立体交差を原則とし、3種・4種道路では4車線以上の道路が相互に交差する場合など交通処理の必要性に応じて立体交差を導入することになっています。自動車専用道路・高速道路と一般道路の立体交差部はインターチェンジ、高速道路同士の立体交差部はジャンクションといいます（5-4節参照）。なお、交通量の最も多い方向の道路を立体化することが原則となっています。

●一般道路の立体交差

　一般道路の交差部では、交通容量を増大させることを目的とした交差点立体交差が多く導入されています。平面交差の交通容量が信号制御によって処理可能な範囲を超える場合は立体交差が原則となります。一般道路の交差点立体交差では、用地取得などの経済的な理由から、完全分離された立体交差を導入することは少なく、図3-9-1に示すような平面交差点の本線直線部分を立体化するコンパクトなタイプの導入が一般的です。国道のバイパスなど、設計速度や交通量の多い本線部を立体化することで円滑性を高め、右左折交通は連結側道を通ることで交差道路へ流出入することになります。また、都市内道路の円滑性を阻害する原因に鉄道との平面交差（踏切）があります。鉄道と道路の交差は原則として立体交差でなければならず、平面交差は例外であることが道路構造令では原則となっていますが、現実には多くの平面交差が存在します。そのため、道路を高架や地下とするだけではなく、鉄道を高架にする鉄道連続立体交差事業なども行われています（2-7節参照）。

●暫定供用

　交通量予測から、将来的に立体交差を導入する可能性がある場合には、当面は平面交差として整備しつつも、施行時期、経済性などを考慮した上で立体交差に必要な用地を当初から確保しておくことが望まれます。将来立体化する際の工事の手直しを最小限にするために、平面交差点の暫定供用時に将来の連結側道を本線として利用する場合があります（図3-9-2）。この場合も、暫定供用時に車線・歩道の幅員縮小や低速な設計速度の採用などを行わず、安全と円滑に十分配慮した設計とすることが求められています。

図3-9-1　交差点立体交差の形式例

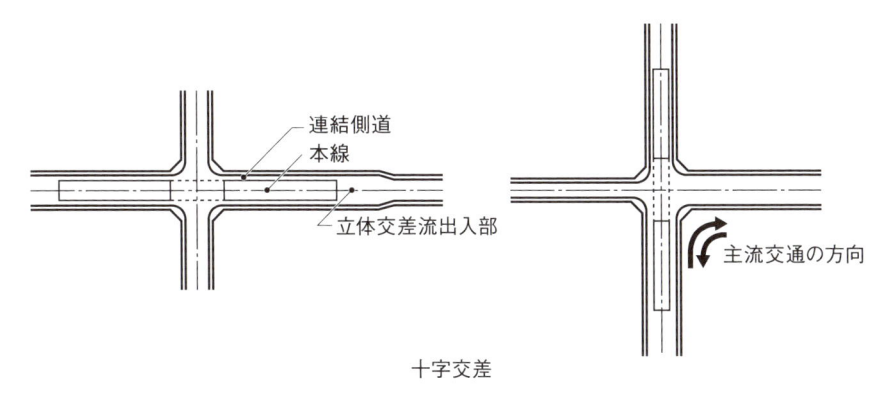

十字交差

図3-9-2　交差点の暫定供用

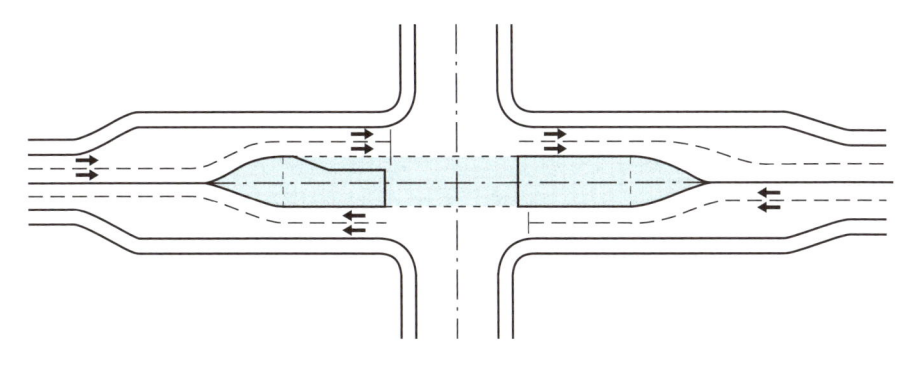

（出典：道路構造令　運用と解説）

3-10 駅前広場の計画・設計

●駅前広場とは

　駅前広場は交通広場といわれ、鉄道駅と都市計画道路を結ぶ、広場型の道路です。駅とその周辺は様々な公共施設、業務施設、商業施設が集積する場所でもあり、駅前広場は交通機関や各種の施設を利用する人々が集まる空間となります。そのため鉄道やバス利用者の移動や乗り換えを円滑に行うための空間を十分にかつ効率的に配置することが必要です。一方、駅前広場は、こうした交通空間としてのみならず、その都市の姿を都市内外の来訪者に体験してもらう代表的な場所でもあるので、質の高い景観デザインを通じて場所の個性やランドマーク性を考えた整備を行う必要もあります。

●駅前広場の面積確定までの流れ

　駅前広場の計画においては、まず全体の面積を決めますが、これはバスやタクシー、歩行者の利用などに必要な面積を積み上げることで求めます。具体的な面積の算定のしくみは、まず非鉄道利用者も含めた広場の利用者数を予測し、それに応じて必要な車道、歩道の面積が算定されます。またバスやタクシー、自家用車の乗降場については利用者数を考慮した計画交通量や必要施設数、その施設の原単位（単位面積など）などの情報により求めることができます（図3-10-1）。一方、駅前広場では、交通機能のための空間のみならず、オープンスペースや修景要素を含む環境空間の確保も必要です。

　歩行空間は交通空間であると同時に滞留もできる環境空間と考えられるため、環境空間とは車道部分をのぞく全ての空間となります。そこには植栽等で修景された空間なども含めて加算します。環境空間をどの程度確保するかは、環境空間比（駅前広場面積に対する比率）を指標として参考にし、0.5を標準と考えます。環境空間面積を加味することで、駅前広場全体の基準面積が求められます。

　続いて施設配置の検討が行われます。ここでは車道や歩道、バスやタクシー

の乗降場、駐車場などの配置が検討されます。車道や歩道の配置では、歩行者が車道を横断する状況をできるだけ避けるとともに、待ち合わせなどの滞留空間と移動空間とを適切に分離するなどの配慮がなされます。ペデストリアンデッキによる立体化も動線の錯綜を回避し、周辺の施設への移動の連続性を高める上で有効です。乗降施設や駐車場の配置は周辺の都市空間との繋がりを考慮して駅前広場内のみにとらわれない総合的な配置の検討が必要です。以上を踏まえ、必要に応じて基準面積の拡大がなされて駅前広場面積が確定します。

図 3-10-1　交通空間基準面積算定の手順

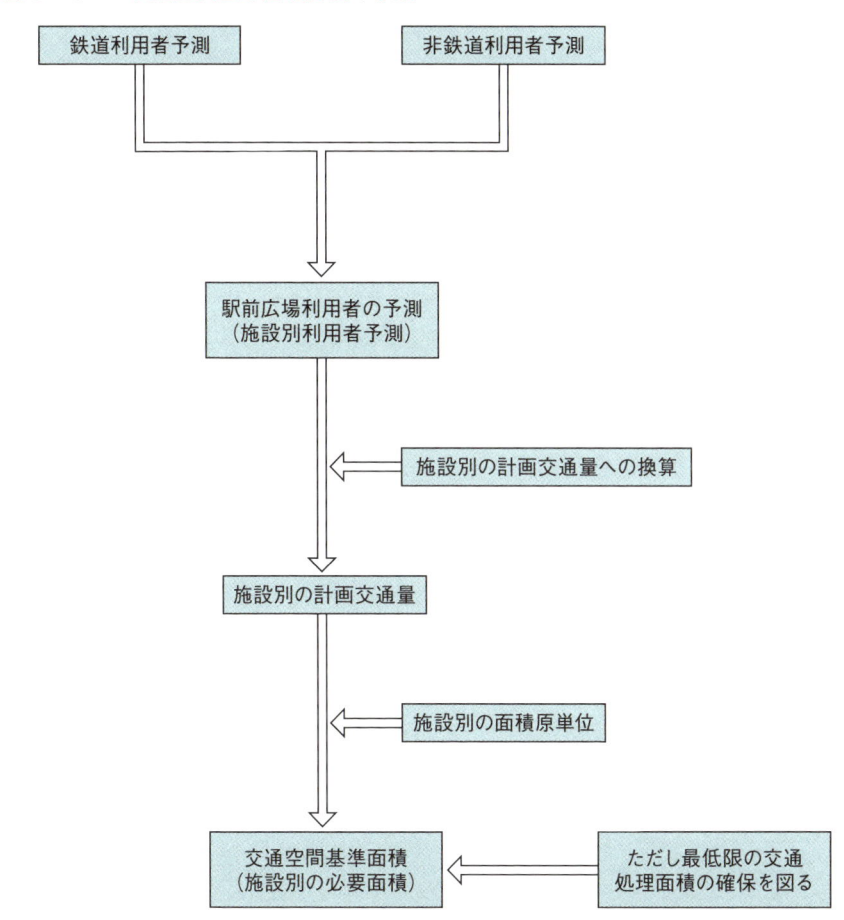

```
┌──────────────┐      ┌──────────────┐
│ 鉄道利用者予測 │      │非鉄道利用者予測│
└──────┬───────┘      └──────┬───────┘
       │                     │
       └──────────┬──────────┘
                  ▼
       ┌──────────────────┐
       │ 駅前広場利用者の予測 │
       │ （施設別利用者予測） │
       └──────────┬───────┘
                  │      ┌────────────────────┐
                  │◀─────│ 施設別の計画交通量への換算 │
                  ▼      └────────────────────┘
       ┌──────────────────┐
       │  施設別の計画交通量  │
       └──────────┬───────┘
                  │      ┌────────────────┐
                  │◀─────│ 施設別の面積原単位 │
                  ▼      └────────────────┘
       ┌──────────────────┐      ┌──────────────────┐
       │  交通空間基準面積   │◀─────│ ただし最低限の交通 │
       │ （施設別の必要面積） │      │ 処理面積の確保を図る │
       └──────────────────┘      └──────────────────┘
```

3-11 道路付属施設

道路は、舗装されたアスファルトの路面だけでなく、様々な付属施設があることで道路としての機能を発揮します。

●排水施設

排水施設は、雨天時の快適性や安全性を確保するための非常に大切な施設で、道路の設計時には十分に配慮することが求められます。通常は、路面の横断勾配や縦断勾配によって雨水は側溝などを通って路外に排出されますが、交差点などでは路面形状が不規則になり排水の問題が発生します。自動車の走行性と排水のための勾配のバランスを十分考慮したり、雨水を舗装面が吸収し、排除する排水性舗装などの検討が必要になります。

●交通安全施設と交通管理施設

道路構造令では、車両用や歩行者自転車用の保護柵（ガードレールやガードパイプなど）、照明施設(街灯やトンネル内照明など)、視線誘導標(デリニュエータ、スノーポールなど)、道路反射鏡（カーブミラー）、立体横断施設（3-13節参照）、ハンプや狭さく（9-3節参照）などが交通安全施設に区分されています。また、非常電話や道路情報提供装置、車両監視装置、料金所、路面のマーキング、道路標識、交通信号機などの交通管理施設も道路には必要になります。路面のマーキングは、車線境界線や車道中央線などの区画線（道路管理者が管理）と、規制速度や一時停止線などの道路標示（交通管理者が管理）に分類されます。停止線手前の「止まれ」の文字や、交差点中心のクロスマーク、交差点内部のベンガラ色舗装などは、実際には法令には定められていませんが、交通安全等に寄与するために法定外表示として設置され普及しています。交通管理者が管理する信号機や道路標識（規制標識や指示標識の一部）などは、道路管理者との協調の上でその機能を十分に発揮させる配置の設計を検討する必要があります。

●自動車駐車場等

道路法施行令では、道路の付属物として道路に接して設ける自動車駐車場や自転車駐車場が規定されています。また、路線バスの乗降施設として、バス停留車線を本線から分離したバスベイ型の停車帯や、道路の外側車線をそのまま使うよく町中で見かけるバス停留所があります（図3-11-1）。一時的な待避として利用できる非常駐車帯や、降雪時に利用するチェーン脱着所が道路付属施設となります。道の駅やサービスエリアなどの休憩施設は道路区域外にありますが、道路利用者の利便性を高めるサービス施設として機能しています。

●その他の道路付属施設

積雪地における防雪・除雪および融雪の施設や、落石等に対する防護施設、防波・防砂施設、電線共同溝などがあります。

図 3-11-1　バス停留所の設置形態

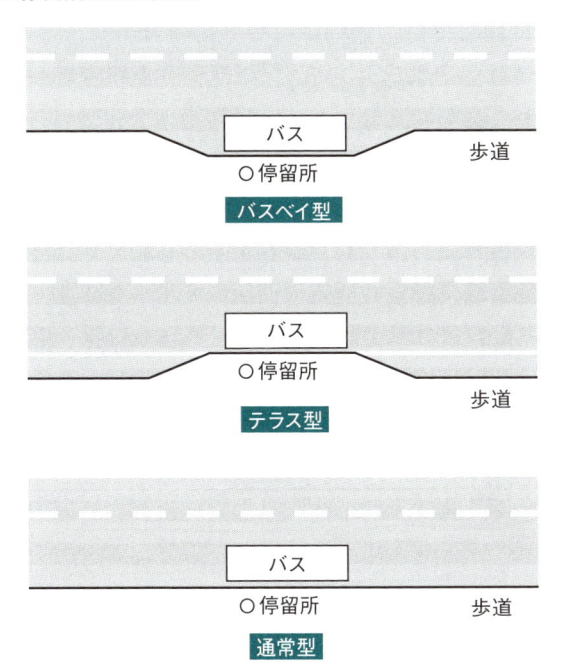

（出典：道路構造令　運用と解説）

3-12 騒音・振動対策

●騒音・振動の基準

　道路における騒音や振動は、自動車と道路構造、沿道の条件などの要因が重なって発生します。自動車による騒音は、車の性能に応じて、エンジン音や排気音が原因となります。一方、道路のつくり方に影響される問題としては、タイヤと路面の接触、橋梁のジョイント部での衝撃音などがあります。こうした騒音は自動車の交通量が多い、走行速度が速い、路面の平坦性が低いという条件が重なることにより大きくなります。また振動については、路面の平坦性以外に車両の重量や地盤の軟弱さも関係します。

　どの程度の騒音が生活環境保全や人の健康維持の上で問題となるかは環境基本法による環境基準に示されています。基準値は時間帯や沿道の特性、2車線以上の道路に面しているかによって定められています（表3-12-1）。騒音規制法においては、それよりも5～10デシベル程度高い値が要請限度と規定されており、これを越えると都道府県知事は公安委員会に交通規制などの対策を要請することになります（表3-12-2）。各種車両に由来する騒音については、一定条件のもとでの走行中の騒音や加速時の騒音、排気口近傍での騒音について、騒音規制法で許容限度が定められています。この基準が守られるためには各車種に所定の構造や性能が要求されますが、これは道路運送車両法の保安基準により示されています。

　一方、振動に関しては、振動規制法において、地域の特性と時間帯により要請限度が定められており、問題があるときは都道府県知事が道路管理者に舗装の修繕等の措置を要請し、公安委員会に対して交通規制を要請することになります。

表 3-12-1　環境基本法における騒音基準

<table>
<tr><th colspan="2" rowspan="2"></th><th colspan="2">基準値</th></tr>
<tr><th>昼間（6時～22時）</th><th>夜間（22時～翌6時）</th></tr>
<tr><td rowspan="3">地域の類型</td><td>AA</td><td>50dB以下</td><td>40dB以下</td></tr>
<tr><td>A及びB</td><td>55dB以下</td><td>45dB以下</td></tr>
<tr><td>C</td><td>60dB以下</td><td>50dB以下</td></tr>
<tr><td rowspan="3">地域の区分</td><td>A地域のうち2車線以上の車線を有する道路に面する地域</td><td>60dB以下</td><td>55dB以下</td></tr>
<tr><td>B地域のうち2車線以上の車線を有する道路に面する地域及びC地域のうち車線を有する道路に面する地域</td><td>65dB以下</td><td>60dB以下</td></tr>
<tr><td>幹線交通を担う道路に近接する空間の特例</td><td>70dB以下</td><td>65dB以下</td></tr>
</table>

注）AA：医療施設・社会福祉施設等が集合して設置され静穏を要する地域
　　A：専ら居住の用に供される地域
　　B：主として居住の用に供される地域
　　C：相当数の住居と併せて商業・工業の用に供される地域

表 3-12-2　騒音規制法における騒音基準

<table>
<tr><th colspan="2" rowspan="2"></th><th colspan="2">基準値</th></tr>
<tr><th>昼間
（6時～22時）</th><th>夜間
（22時～翌6時）</th></tr>
<tr><td rowspan="3">区域の区分</td><td>a区域及びb区域のうち1車線を有する道路に面する区域</td><td>65dB以下</td><td>55dB以下</td></tr>
<tr><td>a区域のうち2車線以上の車線を有する道路に面する区域</td><td>70dB以下</td><td>65dB以下</td></tr>
<tr><td>a区域のうち2車線以上の車線を有する道路に面する区域及びc区域のうち車線を有する道路に面する区域</td><td>75dB以下</td><td>70dB以下</td></tr>
</table>

注）a：専ら居住の用に供される地域
　　b：主として居住の用に供される地域
　　c：相当数の住居と併せて商業・工業の用に供される地域

●測定方法と対策

　このような基準への適合性を検討する上では騒音や振動の測定が必要になります。騒音の測定に使用される機器や使用方法はJISで規格が定められており、幹線道路では年一回程度定期的な測定が行われます。振動では計量法の条件に合格した振動レベル計を用い鉛直方向について計測をします。計測値は振動加速度を対数尺度に変換し、人の感じ方が周波数によって異なる事実も考慮して振動レベルとして表されます。

　騒音対策は、大きく①発生源対策、②交通流対策、③道路構造対策、④沿道対策、⑤教育・啓発に分けられます。それぞれの主な対策を表3-12-3に示します。振動の対策については表3-12-4に示します。

　道路側の騒音対策として代表的なものに遮音壁があります。これは音の伝播経路を迂回させることにより大きな減衰を期待する対策です。遮音壁は一般道路では沿道へのアクセス性が重視されるため設置が難しいのですが、高速道路や自動車専用道路においては主要な騒音対策法です。遮音壁は壁自体が吸音や反射により騒音を減じ（透過損失）、さらに遮音壁の上をまわりこむ音が回折による行路差によって減じられることを期待するものです（図3-12-1）。従って遮音壁が高いほど遮音効果が高いことが明らかですが、構造体の重量は増し、景観の視認性や沿道の日照を阻害します。このため高さを抑制しつつ遮音効果を高めるための技術が考案されています。例えば先端改良型遮音壁では、遮音壁上端をY型に分岐した形状にするなど、様々に工夫を凝らした吸音体を設置して吸音、干渉、共鳴などの原理により遮音効果を高めることができます。ASE（アクティブ・ソフト・エッジ）遮音壁は、先端の形状を工夫するのみの受動的な低騒音化技術や低騒音舗装では対応しにくい低周波数域の騒音を低減する遮音壁です。これはANC（アクティブノイズコントロール）の機構を先端にとりつけ、マイクで検知した音と逆位相の音を発生させて騒音を低減します。一方、景観や日照の問題への対策としてポリカーボネイトの透光板を用いた遮音壁が使われており、そこでは光触媒によって自然に汚れが除去される技術や透光板にスリットを入れて沿道住民は道路利用者の視線を感じにくく、ドライバーの見通しがきくというような技術も応用されています。

表 3-12-3　騒音の対策

発生源対策	許容限度の規制強化、技術開発の推進、検査・点検整備の徹底、電気自動車等の低公害車の開発・利用促進
交通流対策	交通量の抑制、公共交通の利用促進、交通規制の強化、道路網における交通流の分散、円滑化
道路構造対策	掘割構造の採用、遮音壁、環境施設帯の設置、低騒音舗装（排水性舗装）の敷設によるエアポンピング音抑制、橋梁ジョイント部の劣化防止、植樹
沿道対策	緩衝空間（公園・緑地）、緩衝建築物、公共施設、業務系空間の配置、沿道住宅の防音工事助成
教育・啓発	パンフレットの配布、ドライバーのマナー教育、社会実験

表 3-12-4　振動の対策

発生源対策	交通量の抑制、大型車の規制、道路の平坦性の確保、舗装修繕、橋梁連結部のノージョイント化
伝搬経路対策	環境施設帯設置、地盤改良（卓越振動の改善）、地中に防振壁を設置

図 3-12-1　回折距離の計算方法

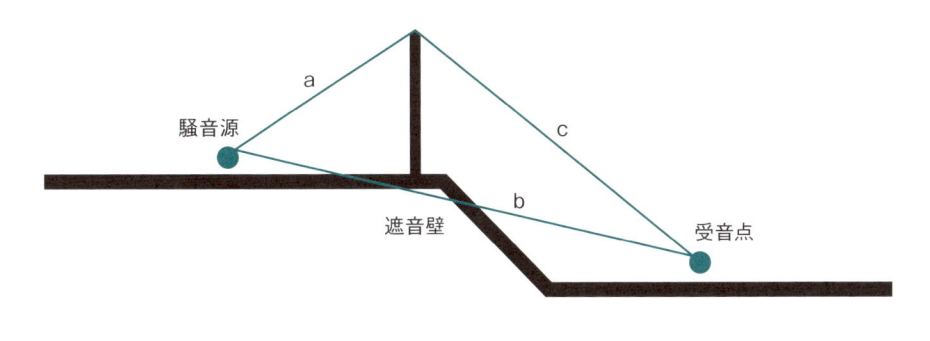

行路差＝a＋c－b

3-13 立体横断施設

●交通安全施設としての立体横断施設

　立体横断施設は、道路構造令における交通安全施設に位置づけられ、立体的に自動車交通と歩行者・自転車を分離して、歩行者等の安全性を確保する施設のことです。1種・2種道路では、歩行者または自転車利用者が横断する場合には設置が必要となります。3種・4種道路では、歩行者等の横断需要があり交通事故防止の必要性がある場合に設置が検討されますが、道路や交通の状況および経済性への配慮が必要です。特に、2車線道路においては押しボタン式信号機による平面横断との比較などを行うことが必要です。

●横断歩道橋と地下横断歩道

　立体横断施設は、横断歩道橋と地下横断歩道に分類できます。横断歩道橋は地下横断歩道と比較して建設費や維持費が安くすむという長所がありますが、階段部分による既設歩道幅員の減少や、自動車の視界の妨げ、都市景観の阻害などの短所もあります。横断歩道橋の桁下高さは、道路面の補修等を考慮して4.7m以上あけることが望まれています。地下横断歩道は、冬期の積雪や都市部における用地確保・沿道条件への対応性（建物と出入口の一体化など）、横断歩道橋と比較して上下移動距離が少ないなどの長所がありますが、その閉鎖的空間が持つ治安上の問題や高い工事費、照明や排水の維持費が高いなどの短所があり、地下空間を利用することから、必要に応じて行先などの案内板を設置することがあります。

●バリアフリーとの関係

　利用者の利便性の点からは、上下方向の移動を伴う立体横断施設は望ましいものではありません。しかし、高齢者や身体障害者など歩行速度がやむを得ず遅くなる利用者がある一方で、平面横断に必要な青時間の長さを確保できない場合には、利用者や沿道住民の意見を十分に考慮した立体横断施設の

設置を行います。表 3-13-1 に属性別の歩行速度を示します。バリアフリー新法（高齢者、障害者等の移動等の円滑化の促進に関する法律、平成 18 年 12 月施行）では、道路の新設・改良時には「移動等円滑化基準」への適合義務が、既存道路については基準適合の努力義務が道路管理者に求められます。例えば、横断歩道橋を設置することで既存歩道の幅員が減少する場合は、歩道では 2 m 以上、自転車歩行者道では 3 m 以上を確保する必要があるので、必要であれば階段部の取付位置を歩道外にしたり、歩道拡幅を行うなどの対応が必要です（図 3-13-1）。また、立体横断施設の昇降方式は、車いす使用者等の安全な乗降を確保するために、原則としてエレベーターになります。ただし立体横断施設が沿道建築物に接続したり、昇降高さが概ね 0.75m 以下の場合には、勾配を 5 ％以下とした斜路（スロープ）とすることができます。また、高齢者等の交通量を勘案して、必要に応じてエスカレーターを設置します。さらに階段や傾斜路下に空間がある場合は、視覚障害者の衝突を避けるために柵等の設置が必要になります（図 3-13-2）。

表 3-13-1 歩行者の歩行速度 （参考：道路の移動円滑化整備ガイドライン）

歩行者	歩行速度　m/sec
健常者	1.0 〜 1.7（平均 1.3）
高齢者	0.8 〜 1.3
車いす使用者（手動）	1.1 程度
車いす使用者（電動）	0.7 〜 1.7
下肢障害者（杖使用者）	0.4 〜 0.9
下肢障害者（白杖使用者）	1.0 〜 1.1

図 3-13-1
横断歩道橋階段部の歩道外取付の例

図 3-13-2
階段下の空間への柵の設置

3-14 道路占用物

●道路占用許可

　道路には、(上空や地下も含めて)勝手に物や工作物を設置してはいけないことが道路法によって定められています。道路にはみ出した看板の設置、道路の地下への下水管の設置、道路上へのバス停や電柱を設置、道路上空に電線を張り巡らすといったことは、すべて許可を得る必要があります(図3-14-1)。道路上や上空、地下に一定の施設を設置して継続的に道路を使用することを「道路の占用」といいます。道路を占用できるものは、道路法および道路法施行令で決まっており、定められたもの以外は占用することができません。なお具体的な占用の許可基準は各道路管理者により定められています。また、道路管理者の許可を受けた上で、通常は道路管理者に対して占用料金の支払いが発生します。電気、電話、ガスや上下水道などの公益企業がそれぞれ事業法に基づいて施設を設置する場合を企業占用といい、それ以外の看板などの設置は一般占用といわれます。企業占用の場合や、地方公共団体が占用を行う場合、またバス停などの公共性の高い占用の場合には、占用料の免除や減免が行われるのが一般です。

　道路地下の占用物は、申請者がバラバラに管理を行うと道路工事が頻繁に行われるようになり、利用者からの苦情が発生します。そのため国道などの幹線道路では道路工事調整会議など設置して地下占用工事の施工時期、施工方法についての全体調整を図っています。

　近年では、地域活性化の一環として各地で道路空間を活用したイルミネーションや朝市、オープンカフェなどのイベント等も盛んに実施されています。この場合にも道路占用許可が必要になりますが、地域の実情に合わせて弾力的な許可が多くなっているのが現状です。ただし、道路交通法による道路使用許可もあわせて適切な許可を得ることが必要になります。

●道路使用許可

　道路は、本来、人や車が通行するという目的でつくられていますが、この交通以外の目的でも道路は様々に利用されています。道路を本来の交通目的以外で使用する場合は、道路交通法に基づく道路使用許可を得る必要があります。道路占用と似ていますが、道路を継続的ではなく一時的に本来の目的以外で使用する場合における交通の安全・円滑の視点からの許可になります。道路交通法では、道路使用許可の対象となる行為を以下のように定めています。①道路において工事又は作業をしようとする行為、②道路に石碑、銅像、広告板、アーチ等の工作物を設けようとする行為、③場所を移動しないで、道路に露店、屋台店等を出そうとする行為、④前各号に揚げるもののほか公安委員会が定める一定の行為（祭礼行事、集団行進、ロケーション等）。

　道路工事など道路占用許可と道路使用許可の両方が必要になる場合には、申請者の利便性を考慮して、道路管理者又は所轄警察署長のいずれか一方を経由して一括で行うことができます。

図 3-14-1　道路の正しい使い方

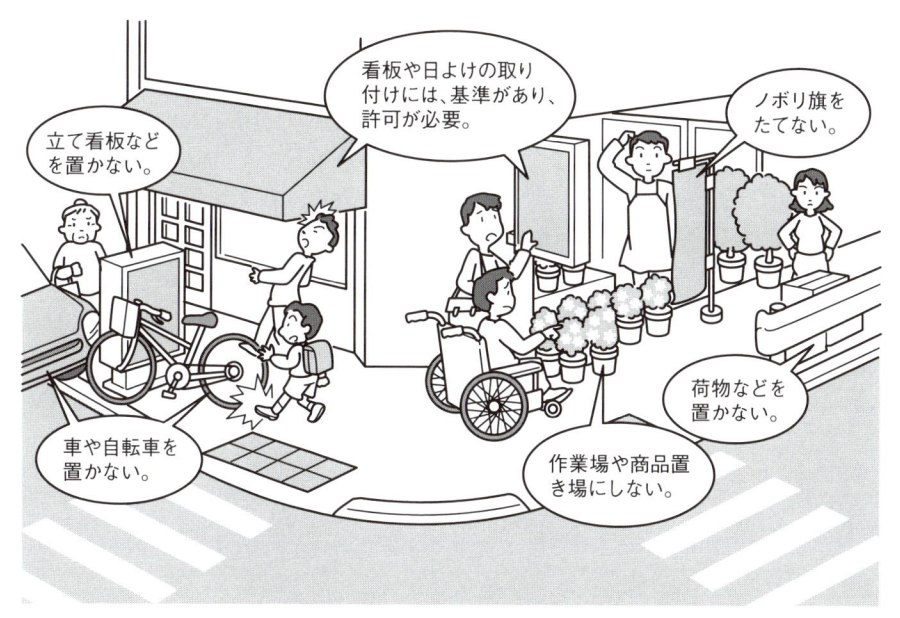

❗ 道路ではない道路

　道路法が適用されない、法定外公共物と呼ばれる道路に里道(りどう)があります。登記所が管理する、土地の所有関係を示す公図に、赤色で表示されているため赤線(あかせん)、赤道(あかみち)ともいいます。1876（明治9）年の太政官布告第60号で、道路は重要度により国道・県道・里道の3種類に分けられました。1919（大正8）年の旧道路法の施行により全ての道路は国の営造物とされ、県道は県知事、市町村道は市町村長が管理することになった時に、重要な里道だけを市町村道に指定したため、それ以外の小さな路地や畦道、山道などの里道は道路法の適用外とされながらも国有のまま存続することになりました。里道のままとなった道路は一見、農道や林道、私有地を通る私道と同じように見える場合がありますが、所有者は国で、管理者は市町村でした。使われなくなった里道や、里道であることさえ忘れられて田畑や宅地の一部にされたところも多く、土地の売買などに際して様々な手続きが繁雑になることから、2005年1月1日時点で道路として使われていた里道は、同年3月31日までに所有権が市町村に無償移譲されました。一方、同年1月1日時点で道路として使われていなかった里道は、同年4月1日に一括で用途廃止されて財務省の各地方財務局へ管理が引き継がれ、国有財産法の下に置かれました。同様の経緯をもつ青線(あおせん)、青道(あおみち)と呼ばれる、河川法や下水道法の管理にない水路として公図に青色の線で表示されている土地もあります。

　不動産登記法上の土地の用途による分類である地目の1つに公衆用道路があります。これは一般交通に供する道路で、公有地、私有地を問わず、高速道路、国道、都道府県道、市町村道、農道、林道、里道、袋小路を含みます。ただし、特定の目的だけに供される道路は、宅地、もしくはその他の地目とすることになっています。道路に見えても道路ではない、という不思議な世界があるのです。

第4章

道路工事

道路用地に実際に道路を建設する工事の進め方について
解説します。
身近な場所で行われる道路工事を見る目が
変わるかもしれませんよ。

4-1 道路工事の進め方

● 道路工事着工以降の仕事の流れ

　道路工事の一般的な進め方について、工事発注者側、施工者側それぞれの実施事項を時系列にまとめたものが表4-1-1です。ここでは工事着工以降について説明します。

　施工者側は、工事契約後、工事の準備に入ります。仮設事務所の用地を確保し、仮設建物や工事で必要となる電源などの仮設備を設置します。また、工事発注者との事前打合せや関係する諸官庁への届出も行います。届出先は、建設廃材に関する届けの保健所、道路使用許可や交通規制に関するものは警察署、作業内容によっては労働基準監督署など多岐にわたります。

　地元への工事説明会の開催、電気ガス水道などの各企業者との協議も実施します。また、実際に工事予定箇所を踏査し、設計図書と現地を照合して、工程表や、人員・施工機械の配置、使用する資材の検討などをまとめた「施工計画書」を作成します。設計図書と現地の状況の照合では、例えば、地盤の支持力を現場試験で確認し、不足していた場合には、対策工を検討し工事発注者と協議するなど、工事着手前に問題点の有無を確認します。

　実際に工事を進めていった段階で、工事契約時に想定できなかった条件などにより工事内容を変更することを「設計変更」といい、そのような事態が発生した都度、工事発注者と協議して対策を決めていきます。工事施工者は、工事の各段階で出来形（幅や厚さなど）や品質を管理し記録に残します。完成後は、地中に埋まり確認できなくなってしまう工種（工事の種類）については、埋め戻す前に工事発注者の検査を受け、採寸写真も撮影しておきます。工事発注者は、最終的に工事が完了した段階で、施工者が作成した出来形や品質管理などの工事記録と現地を確認する検査を工事発注者が実施します。検査で不具合箇所が発見されれば手直し工事を行い、手直し終了後、工事発注者に引き渡して工事が完了することになります。

表 4-1-1　道路工事の手順

段階	発注者側	施工者側
計画	計画交通量の算定 路線の選定 用地の確保	
設計	測量 地盤調査 設計	
工事発注	設計図書作成 入札手続き （総合評価）	積算、（技術提案）、応札
工事契約	契約	契約
着工	 検査（中間、引渡し）	現地踏査 関係機関への手続き（警察、労基署など） 沿道への対応（工事説明会など） 施工体制の整備 準備工（仮設事務所、仮設工事など） 施工 設計変更対応 受検 片付け
竣工	引渡し	

> **❗ 公共工事における入札方法の変化**
>
> 　近年、公共工事の入札方法として「総合評価落札方式」が多く採用されています。この方式は、これまで工事価格のみの競争で落札者（施工会社）を決めていたものを、工事価格とそれ以外の発注者が選んだ項目についての技術提案などを総合的に評価して落札者を決める方式です。

4-2 切土・盛土工事

●切土・盛土とは

　道路は、通過する車などをスムーズに走行させるため、勾配の変化が極力少なくなるように計画します。そのため、計画された道路の高さ（計画高）が、元の地盤よりも高い場合には、土を盛り立てて道路を造ります。このことを「盛土」といい、逆に計画高が低くて元の地盤を切り取ることを「切土」といいます。

　通常、切土、盛土ともに端部に斜面をつくることになります。この斜面を「法面」といいます。法面は、雨や地下水の影響などで崩れることがあるため、その土質によって切土・盛土の高さや法面の勾配について標準的な値が決められています。また、法面が崩壊しないように、法面を緑化したり、コンクリートの枠を入れて安定させています。

●切土・盛土工事における留意点

　盛土工事では、その支持地盤が盛土の荷重によって沈下を起こしたり、盛った範囲の外側に押し出されないように、事前に対策工事を行うことがあります。また、盛土する土をよく締固めるために、仕上がり厚さが30cm以内になるように盛り立て（撒出し）、ローラで押し固めたり（転圧）、完成後の盛土自体の沈下を予想して、あらかじめ沈下量分をかさ上げすること（余盛り）があります。また、擁壁を設けて盛土するケースでは、法面の代わりに擁壁の壁面が表面にでてきます。

　切土工事では、元の地盤（地山）を切り取ることで、地すべりや土砂の崩落を発生させないように計画します。切土法面には、崩落対策工事でグランドアンカー（図4-2-1）を打ち込んだり、擁壁を設けることがあります。

●排水の処理について

切土で発生する残土は、盛土区間に盛り立てられること（切盛の均衡）が一

般的ですが、切土と盛土の境目には、雨水や地下水が集中して沈下や崩壊や地山自体の強度低下を招くことが多く、地下排水施設（図 4-2-2）を設けたり、表面から盛土内に水を入れないために側溝を設置するなどの排水処理が大切なポイントになります。

図 4-2-1　グランドアンカー

崩壊のおそれがある法面において、滑り落ちようとする土塊を地盤に固定するために、鋼線などの引張材を地中に定着して、法面に設けるコンクリート材や受圧板と緊張する。これらの構造物をグランドアンカーという。

図 4-2-2　切土・盛土の接続部の排水処理

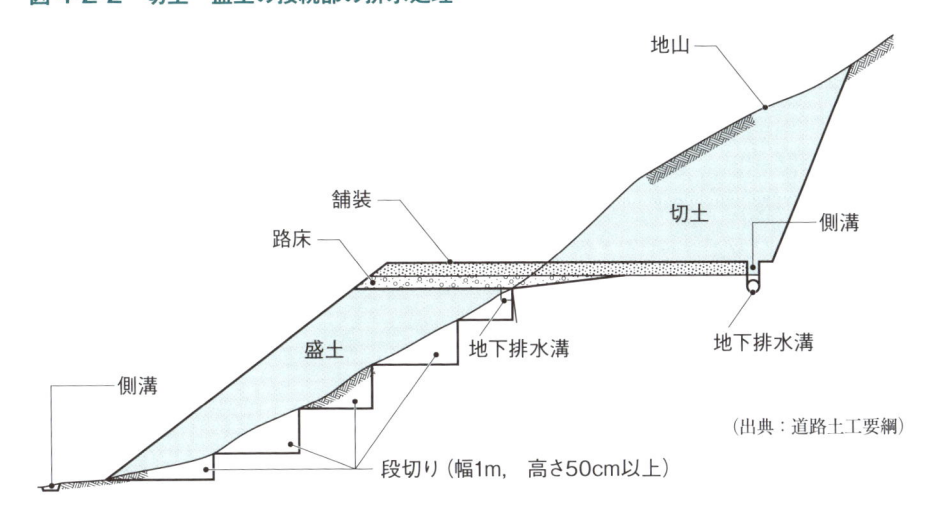

（出典：道路土工要綱）

4-3 地盤改良工事

●軟弱地盤とは

　軟弱地盤は比較的新しい地層で、粘土やシルト（粘土と砂の中間の土質）など土の粒子が微細で地下水位が地表に近いところにある地層や、締固まっていないゆるい砂などの地層に多く見られ、日本には多く存在しています。

　軟弱地盤の上に道路を造ると、舗装の自重や交通荷重により道路が沈下し、路面に凸凹が生じ、通行に著しく支障をきたします。また、道路下の土が押し出されて、道路周辺の地盤が膨れ上がり、沿道の建物にも被害が及びます。

●地盤改良工事の目的とさまざまな工法

　軟弱な地盤の上に道路を造るときは、あらかじめ道路の基礎となる地盤を改良します。地盤改良の目的は、地盤の沈下を促進して道路築造後の沈下を少なくすること、周辺地盤の膨れ上がりを抑制すること、地盤の強度を増加させて安定を図ること、地震時の液状化を防止することなどがあげられます。

　地盤改良の工法（表4-3-1）には、軟弱層の表面に石灰やセメントなどの固化剤を添加して固める「表層処理工法」、軟弱層の一部または全部を良質な材料で置き換える「置換工法」、道路予定地の表面に計画よりも高く盛土して沈下を促進させる「載荷重工法」、地中に一定間隔で砂などを柱状に打ち込み、軟弱層の土の粒子間にある地下水を排除することで沈下を促進させる「バーチカルドレーン工法」、締固めた砂柱を地中に造り軟弱層を締固める「サンドコンパクションパイル工法」があります。ほかにも、大型の錘をクレーンで地表に落下させて締固める「振動締固め工法」、軟弱層の深いところまでセメントや石灰などで固める「固結工法」などがあります。一般的には、これらの工法を組み合わせて、より効果的に地盤改良を行っています。いずれの工法も土質により最適な工法が異なりますので、工法の選定にあたっては注意が必要です。

　また、舗装工事では、路床が軟弱な場合に、舗装厚を厚くするよりも経済

的になる場合は「路床改良工事」を行います。路床改良工事は、表層処理工法や置換工法が一般的に用いられており、そのようにして作った路床を「構築路床」と呼んでいます。

表 4-3-1　軟弱地盤対策工法

沈下対策	安定対策		図　例
バーチカルドレーン工法	トラフィカビリティの確保	表層処理工法（例：サンドマット工法）	サンドマット／バーチカルドレーン
バーチカルドレーン工法		サンドコンパクションパイル工法	バーチカルドレーン／サンドコンパクションパイル
盛土荷重載荷工法		押え盛土工法またはサンドコンパクションパイル工法	盛土荷重載荷／押え盛土／サンドコンパクションパイル
盛土荷重載荷工法とバーチカルドレーン工法	構造物の安定	―	盛土荷重載荷／バーチカルドレーン
バーチカルドレーン工法		緩速載荷工法	第3層載荷／第2層載荷／第1層載荷／バーチカルドレーン
サンドコンパクションパイル工法		固結工法（例：深層混合処理工法）	深層混合処理／サンドコンパクションパイル

（出典：道路土工指針　軟弱地盤対策工指針）

91

4-4 舗装の種類

●舗装の役割と種類

　舗装の役割には、道路の通行をスムーズにするとともに、通行車両の荷重を分散して路床（舗装の下1mの範囲）や路体（路床のさらに下）を保護する役割があります。舗装の種類を大きく分類すると、アスファルト舗装、コンクリート舗装、ブロック系舗装、樹脂系舗装、その他の舗装に分けられます。

●アスファルト舗装

　一般的によく使われている舗装で、表層（舗装の一番上の層）にアスファルト混合物を敷均してローラで押し固めたものです。アスファルト混合物は、工場で骨材（砕石や砂）と石油アスファルト（ストレートアスファルト）を加熱して混合したものが一般的に使われます。

図4-4-1　アスファルト舗装

●コンクリート舗装

　表層にコンクリートを使った舗装で、大型トラックなどの通行量が多い道路や、耐久性があることから補修工事で道路の通行に多大な支障をきたすことが予想されるトンネル内の舗装によく使われています。トンネル内では路面が白いため、暗い照明でも路面が比較的見やすくなるという効果もあります。

図4-4-2　コンクリート舗装

●ブロック系舗装

　工場で生産したブロックを敷きならべた舗装で、歩道や建物周りでよく使われています。ひとつひとつのブロックの色を変えたり、ブロック同士の隙間（目地）で路面に模様をつけることができることから、デザイン性に優れた舗装といえます。

図4-4-3　ブロック系舗装

●樹脂系舗装

　アスファルト舗装やコンクリートを下地とし、そこに着色した樹脂を吹き付けたり、砂利を練り混ぜた樹脂を塗り込むことにより、路面のカラー着色化や滑り止めとして使われています。

図4-4-4　樹脂系舗装

●その他の舗装

　その他の舗装には、石やタイルを貼り付ける石張り舗装やタイル舗装、土に添加剤を加えて固める土系舗装、ゴムのチップを接着剤で固める弾力性舗装などがあります。

図4-4-5　石張り舗装

4-5 アスファルト舗装

●アスファルト舗装の構造

　アスファルト舗装は、路盤とアスファルト混合物の表層および基層で構成されています（図4-5-1）。アスファルト混合物層に荷重が加わると、混合物層はたわみながら路盤に荷重を分散していきます。このような性質からアスファルト舗装のことを「たわみ性舗装」と呼ぶことがあります。

　アスファルト混合物は、骨材（砕石や砂）とフィラー（微粒子の石粉など）を加熱したのものに石油アスファルトを練り混ぜて作ります。アスファルト混合物の配合を変えることで様々な用途に適した混合物を使い分けています。例えば、基層に用いる混合物は骨材の粒径が大きく耐久性のある「粗粒度アスファルト混合物」が用いられ、表層にはきめ細やかな「密粒度アスファルト混合物」が用いられるなど、混合物を使い分けています（表4-5-1）。

●舗装断面の設計

　舗装断面の設計は、路床の支持力や気温などの道路の状況と、交通量やその道路を誰が利用するのかという交通の状況を勘案して設計されます。路床の支持力が小さい場合は、舗装全体の厚さを厚くします。逆に路床の支持力が大きい場合には、舗装の厚さを薄くできます。路床の支持力が小さい場合でも、路床を改良して支持力を上げれば舗装は薄くできるので、経済性を考慮しながら舗装断面を決めていきます。

●アスファルト舗装の施工方法

　アスファルト舗装の一般的な施工方法は、路床、路盤を造った後、アスファルト混合物をアスファルトフィニッシャで敷きならし、マカダムローラ、タイヤローラで転圧して仕上げます（図4-5-2）。アスファルト舗装は、施工直後に交通開放できることや比較的安価であることから様々な道路で広く使われています。

図 4-5-1　アスファルト舗装の構成

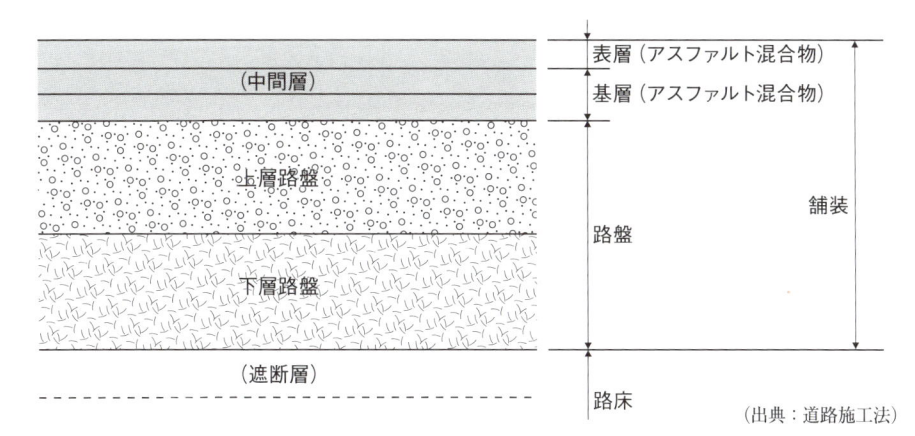

（出典：道路施工法）

表 4-5-1　アスファルト混合物の種類

粗粒度アスファルト混合物（20）
密粒度アスファルト混合物（20，13）
細粒度アスファルト混合物（13）
密粒度ギャップアスファルト混合物（13）
密粒度アスファルト混合物（20F，13F）
細粒度ギャップアスファルト混合物（13F）
細粒度アスファルト混合物（13F）
密粒度ギャップアスファルト混合物（13F）
開粒度アスファルト混合物（13）
ポーラスアスファルト混合物
※［注］（　）内の数字は最大粒径を，Fはフィラーを多く使用していることを示す。

（出典：舗装設計施工指針）

図 4-5-2　舗装工事に使用される建設機械

アスファルトフィニッシャ 　　マカダムローラ 　　タイヤローラ

4-6 コンクリート舗装

●コンクリート舗装の構造

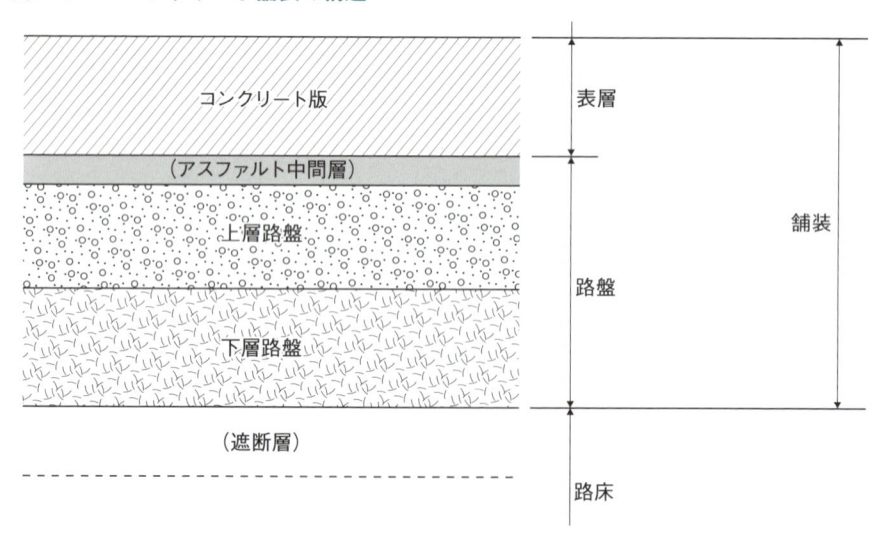

　コンクリート舗装は、路盤とコンクリート版で構成されており、コンクリート版に作用する交通荷重を路盤、路床に均等に分散する舗装です（図4-6-1）。コンクリート版自体は硬く、版一枚一枚で荷重を支えるため「剛性舗装」ともいわれています。コンクリート舗装の構造計算では、路盤における支持力が確保されること、設計期間内（おおむね20年間）にコンクリート版にひび割れが生じないような版の厚さを設計します。

図4-6-1　コンクリート舗装の構造

●コンクリート版の種類と施工方法

　コンクリート版の種類には、型枠を設置して舗装用セメントコンクリート打設する普通コンクリート版（図4-6-2）や連続鉄筋コンクリート版（図4-6-3）、アスファルト舗装用機械を使って超硬練りのコンクリートを敷き均して

転圧する転圧コンクリート版があります。施工方法では、型枠を設置してコンクリート版を打設するセットフォーム工法（図4-6-4）、型枠付専用舗装機械により型枠を設置しないスリップフォーム工法（図4-6-5）、施工現場以外の工場や施工ヤードでコンクリート版を製作し現場に運搬して設置するプレキャスト工法などがあります。

図4-6-2　普通コンクリート版の構造

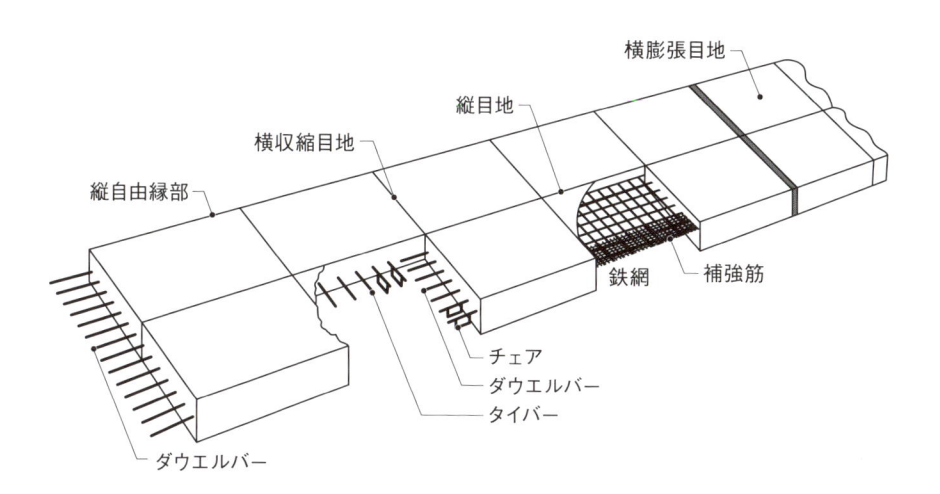

図4-6-3　連続鉄筋コンクリート版の構造

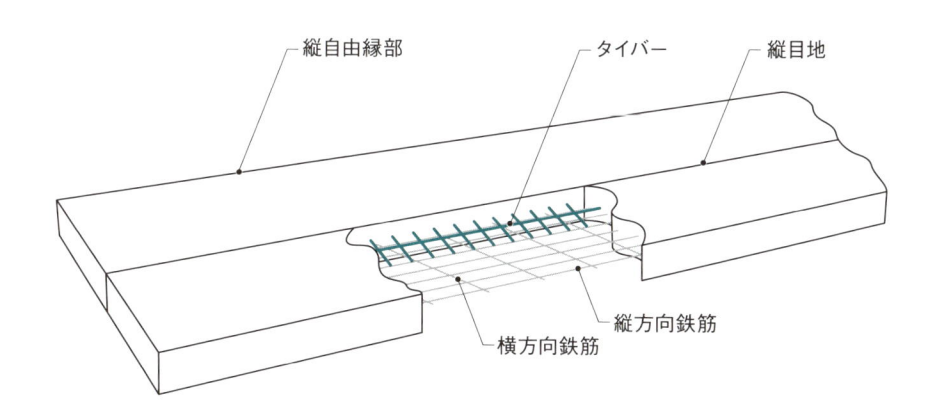

図 4-6-4　セットフォーム工法
舗装幅員の両端に鋼製型枠を設置しコンクリートを打設する。舗装機械はこの鋼製型枠上にレールを設置して走行する。

図 4-6-5　スリップフォーム工法
舗装機械自体にコンクリートの供給、締固め、成型、表面仕上げなどの機能を備えており、型枠を設置しないで連続的にコンクリートを打設する。

●目地の目的

　コンクリート版は、膨張や収縮や反りなどにより発生する不具合を軽減させるために目地を設けます。コンクリートが硬化する際にひび割れが発生しやすいため、普通コンクリート版や転圧コンクリート版では、あらかじめ目地を設けてひび割れを誘発させています。連続鉄筋コンクリート版では、縦方向の鉄筋で横方向に発生するひび割れを分散させて、ひび割れ幅を小さくできるので横方向目地を省いています。いずれも目地部は段差や開きにより走行性や乗り心地に影響を及ぼすだけでなく、構造的な弱点となりやすいためコンクリート舗装のポイントであるといえます。コンクリート舗装の設計期間は一般的に20年と長期間に設定し、その間は舗装打ち換え工事を行わないように計画されます。打ち換え工事による通行への影響が大きいトンネル内などでコンクリート舗装が多用されているひとつの理由となっています。

図 4-6-6　目地の構造

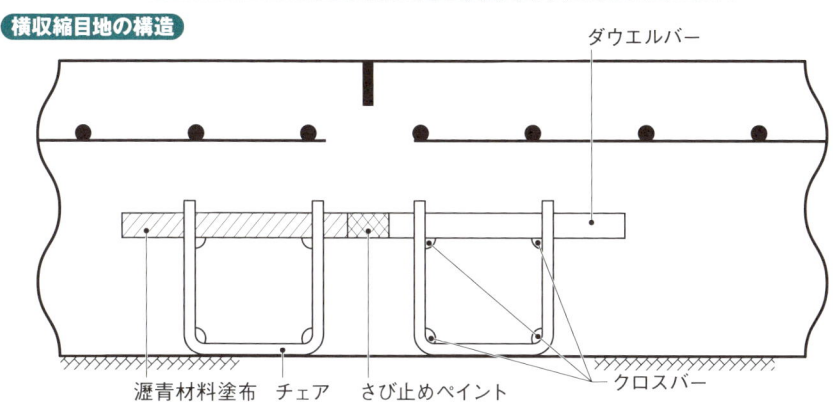

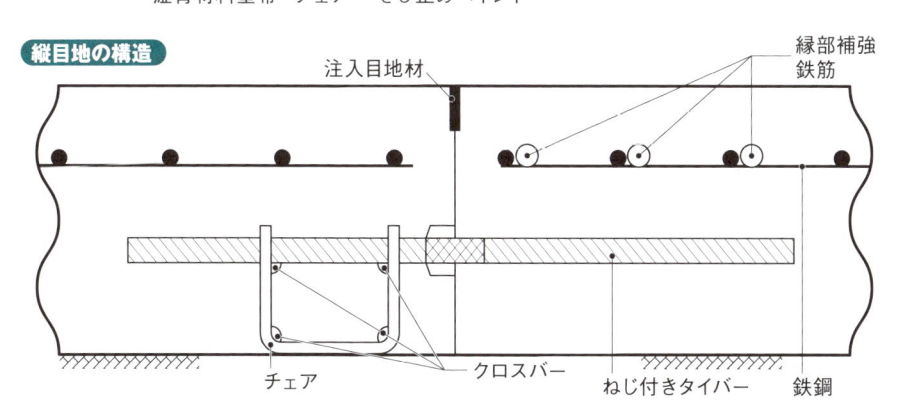

横収縮目地の構造

- 横収縮目地
- 縦目地
- ダウエルバー
- 瀝青材料塗布
- チェア
- さび止めペイント
- クロスバー

縦目地の構造

- 注入目地材
- 縁部補強鉄筋
- チェア
- クロスバー
- ねじ付きタイバー
- 鉄鋼

（出典：舗装設計施工指針）

4-7 高機能の舗装

近年、舗装自体に自動車の通行騒音を低減させる機能や、路面温度の上昇を抑制する機能、地下に雨水を還元させる機能など、従来の舗装の機能以外の様々な機能を持たせた舗装の材料や工法が開発されています。代表的な高機能の舗装を紹介します。

●排水性舗装

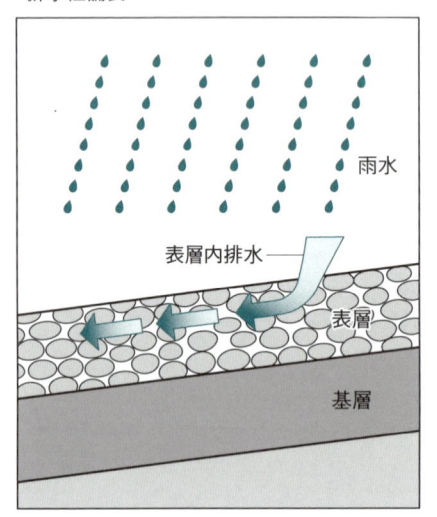

表層のアスファルト混合物を空隙の多い多孔質な配合にし、基層に通常のアスファルト混合物を用いた舗装です。表層内部を雨水が流れるため、路面に雨水がたまりにくくなり、雨天時の視認性がよくなり安全性が向上します。また、自動車騒音に対しても低減効果があります。自動車の騒音は、エンジン音やタイヤの溝が空気を押しつぶす際に発生する音が原因となります。低騒音舗装は、これらの音を舗装内部の空隙で吸収する機能があります。

図 4-7-1　排水性舗装のしくみ

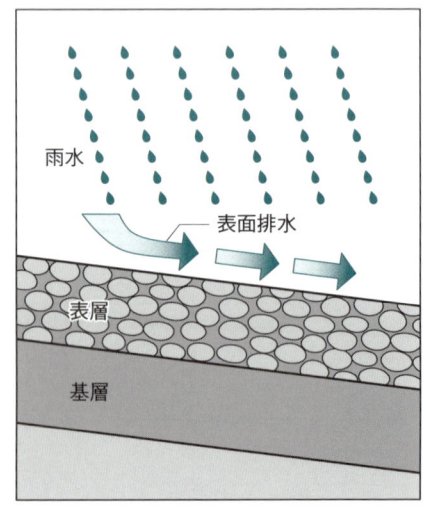

●路面温度上昇抑制舗装

舗装に太陽光があたると舗装に熱が蓄積されヒートアイランド現象の原因のひとつになっています。保水性舗装は、空隙の多いアスファルト混合物に保水材を注入したもので、保水された水分が気化する時に、その気化熱により路面の温度上昇を抑制する機能があります。遮熱性舗装は、舗装の表面に遮熱性塗料を塗り舗装自体への熱の蓄積を抑制する機能があります。

図 4-7-2　路面湿度上昇抑制舗装

保水性舗装　蒸発による潜熱の輸送により路面温度の上昇を抑制

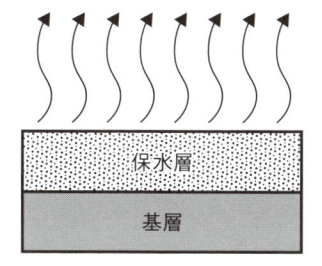

遮熱性舗装　日射エネルギーの反射により路面温度の上昇を抑制

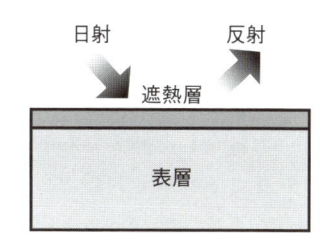

（出典：舗装施工便覧）

●その他

アスファルト混合物に、塩化物系の凍結抑制材やゴムの粒子を混ぜて路面の凍結を抑制する凍結抑制舗装（図 4-7-3）や、アスファルト混合物の製造過程で CO_2 を削減する中温化舗装、耐久性に優れた大粒径アスファルト舗装、地中に雨水を浸み込ませる透水性舗装などがあります。

図 4-7-3　凍結抑制舗装

💡 世界と日本の道路舗装事情

　古代メソポタミア文明やインダス文明の遺跡からは、天然のアスファルトを道路舗装の石材の接合に使ったと見られる遺構が発掘されていますが、路面全体をアスファルトで覆った舗装は 19 世紀半ば以降に欧米で自動車が普及し始めた後に登場しました。古代ローマ人は石灰石に火山灰を加えたローマンセメントを石材の接合材として使ったことが知られています。古代ローマ帝国を支えたローマ道は現代でも通用する構造を備えた石畳の舗装道路で、大勢の軍隊や馬車の荷重に耐えるものでした。現在でもヨーロッパの古い道路は石畳の所が多いのですが、低地にあるため固い石材の調達が難しいオランダなどではレンガによる舗装も行われています。スコットランドの技術者ジョン・ロウドン・マカダム（John Loudon McAdam, 1756 ～ 1836）が考案した、粗い砕石を敷き詰めローラーで転圧するマカダム舗装は、施工の手間がかからず耐久性も高いため、自動車が普及する前から 20 世紀の半ば過ぎまでよく用いられました。現代のアスファルト舗装が細かい砕石をアスファルトで結合した舗装であることを考えると、古代と近代の技術の関係が見えてきます。日本で初めてアスファルト舗装が施された場所は、秋田県から運ばれた天然アスファルトが使用された、長崎のグラバー邸近くの歩道で、一部が現存しています。舗装材が相互に噛み合って強度を発揮する仕組みは、コンクリート製のインターロッキング・ブロックにも取り入れられています。インターロッキング・ブロックはヨーロッパでは割れやすいレンガ舗装に代えて車道や駐車場に用いられていますが、日本では歩道に用いられる場合が多く見られます。簡易舗装とも言われる砂利道は未整備の道路のようにみなされますが、日本の神社にある白い石の玉砂利を敷き詰めた参道は、その上を歩くと音がすることにより静寂を引き立て、神域に近づいていく緊張感を高める効果があるといわれています。

第5章

高速道路

整備が進み、経済を支える大動脈になっている高速道路は、
一般の道路とは異なる配慮がされる別格の道路です。
その特徴を理解しましょう。

5-1 高速道路とは

●高速道路の分類と求められる役割

　高速道路とは、自動車が一般の道路を通過することなく安全かつ高速に走行するためにつくられた道路のことです。信号機や交差点を設けず、アクセス・コントロール（出入り制限）をした道路として、日本では高規格幹線道路や地域高規格道路におおむね分類されます（図5-1-1）。高規格幹線道路には高速自動車国道と、自動車専用道路の一般国道で国土交通大臣の指定による高規格幹線道路があります。高速自動車国道は高規格幹線道路のA路線ともいわれ、「自動車の高速交通用に供する道路で、全国的な自動車交通網の枢要部分を構成し、政治・経済・文化上特に重要な地域を連絡するものとし、かつ、国の利害に特に重大な関係を有する」国道です（高速自動車国道法第4条）。大都市圏に設けられる地域高規格道路を都市高速道路と呼びますが、走行時の法定速度が時速60キロに設定されるなど、必ずしも高速走行を目的としてはいません。自動車専用道路の国道となる高規格幹線道路は将来、高速自動車国道に移行しうる規格の高い道路で、以下の点に資することとされています。

①地域の発展の拠点となる地方の中心都市を効率的に連絡し地域相互の交流の円滑化（図5-1-2）
②大都市圏で近郊地域を環状に連絡し都市交通の円滑化と広域的な都市圏の形成
③重要な空港・港湾と高規格幹線道路を連絡し自動車交通網と空路・海路の有機的結合
④全国の都市や農村から概ね1時間以内で到達できるネットワークを形成するために必要な道路で全国的な高速交通サービスの提供
⑤既定の国土開発幹線自動車道等の重要区間の代替ルートを形成するために必要で災害の発生などに対し高速交通システムの信頼性の向上
⑥既定の国土開発幹線自動車道等の混雑の著しい区間を解消するために必要で高速交通サービスの改善

図 5-1-1　高速道路の道路法上及び機能上の分類

【道路法（第3条）上の分類】
1. 高速自動車国道
   $L=7,363km (0.6\%)$
2. 一般国道
   $L=54,084km (4.5\%)$
   （指定区間）$L=22,043km$
   （指定区間外）$L=32,011km$
3. 都道府県道
   $L=128,862km (10.9\%)$
4. 市町村道
   $L=997,296km (84.0\%)$

延長計 $L=1,187,705km$

【機能上の分類】
高速自動車道
$L=11,520km$（計画延長）
一般国道の自動車道専用道路
$L=2,480km$（計画延長）
高規格幹線道路

地域高規格道路

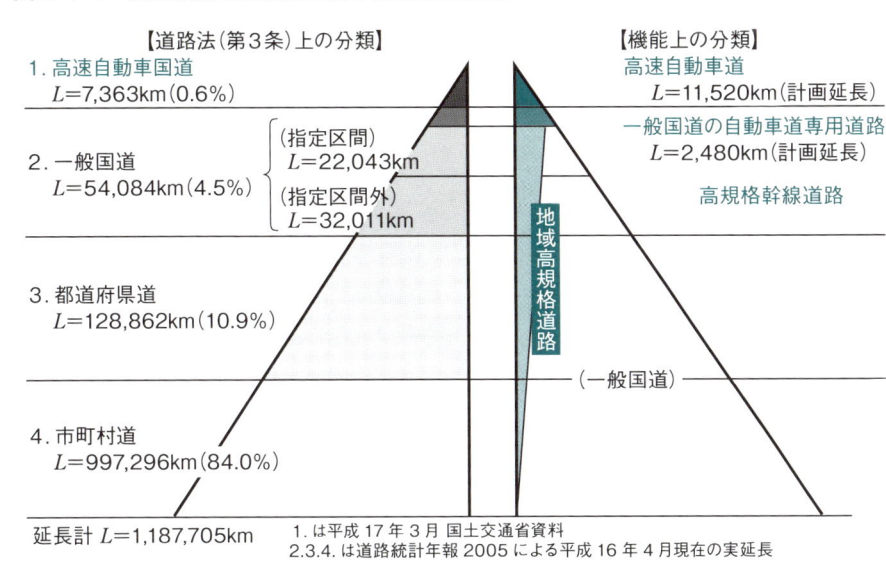

（一般国道）

1. は平成17年3月 国土交通省資料
2.3.4. は道路統計年報2005による平成16年4月現在の実延長

図 5-1-2　高規格幹線道路と地域高規格道路の機能イメージ

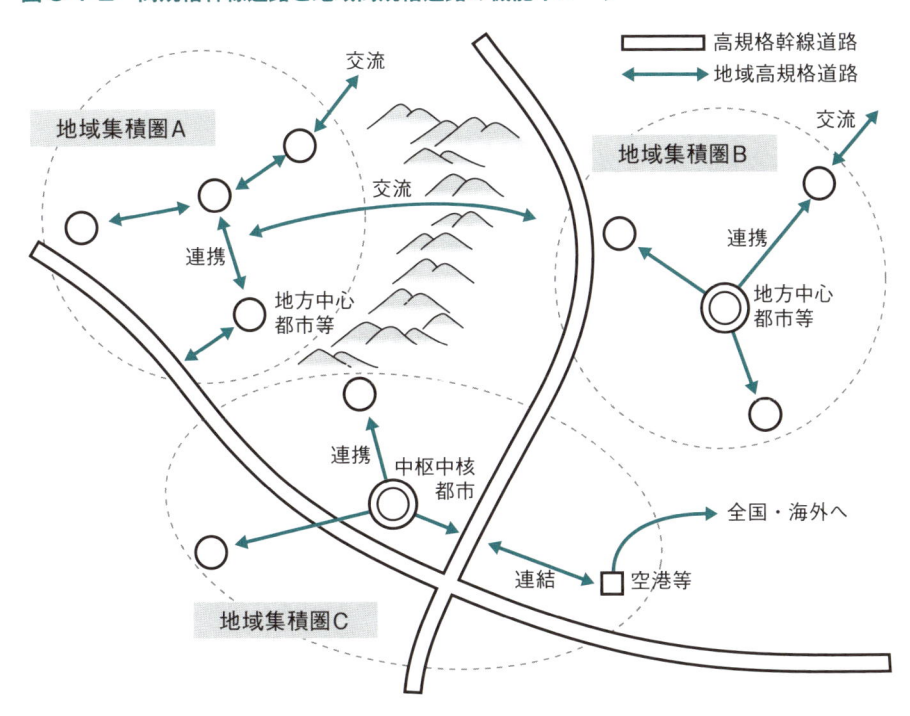

□ 高規格幹線道路
↔ 地域高規格道路

地域集積圏A　交流　連携　地方中心都市等　交流
地域集積圏B　交流　連携　地方中心都市等
地域集積圏C　連携　中枢中核都市　連結　空港等　全国・海外へ

5・高速道路

5-2 高速道路の設計条件

●高速道路の線形設計

　高規格の道路として計画される高速道路は、大量の自動車の安全な高速走行を可能にするため、設計速度も高く（時速60〜80km以上最高120km）、カーブの曲がり具合を表す曲率や、坂道の縦断勾配を一般道路よりも緩和した線形設計とします。曲率が大きい急カーブでは自動車が外側へ飛び出さないように横断勾配もカーブの内側へ一般道路より傾斜させます。高速走行中の急なハンドル操作は危険を伴うため、直線区間を円弧の曲線区間へ接続するとき、クロソイド曲線（clothoid curve）という緩和曲線の平面線形を持つ区間を挿入する場合があります（図5-2-1）。一定速度で走る車のハンドルを一定の角速度で回したとき車の走行軌跡はクロソイド曲線になるため、とても合理的な線形です。

　低速度の車を後続車両が追い越すための追い越し車線や上り坂で速度が出にくい大型車のために登坂車線を設けたり（図5-2-2）、緊急時や横風による車の揺らぎなどに対する余裕として走行車線や路肩を広めに取るなど、高速道路の線形設計は特別の配慮がされます（5-7節参照）。

●高速道路催眠現象

　高速道路を走行中に起こりうる眠気などを催す現象のことを高速催眠現象、またはハイウェイ・ヒプノーシス（Highway hypnosis）といいます。変化の少ない環境の中で直線区間の道路が長く続くと、運転者の感覚に与えられる刺激が減少し単調さから催眠効果が生じて運転者の居眠り運転を生じたり、現実感の喪失による視認の錯誤、判断力や注意力の鈍化から運転意識の低下が生じて、交通事故につながる可能性があるため、直線の線形で設計が可能な地形であっても意図的に曲線区間を入れる場合があります。

図 5-2-1　クロソイド曲線

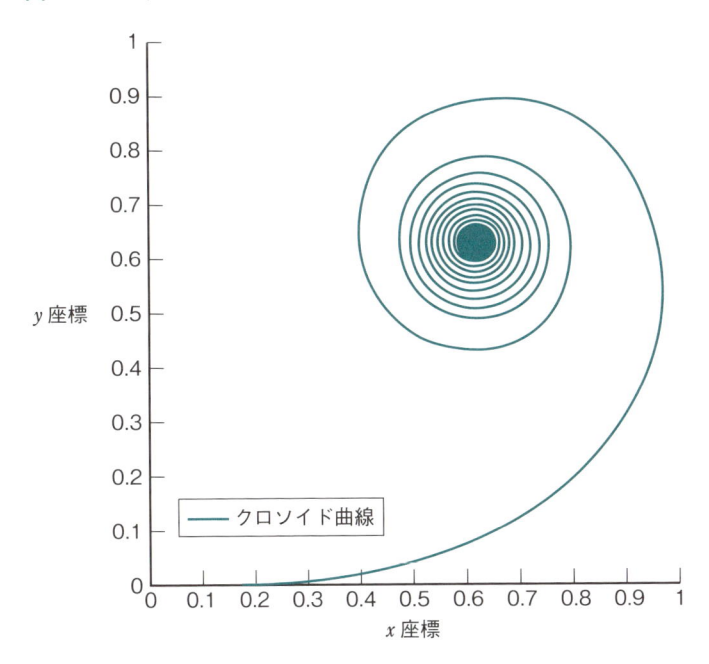

図 5-2-2　追い越し車線と登坂車線

5-3 高速道路の構造と路線計画

●様々な条件から最適路線の決定へ

　高速道路は他の道路や鉄道と立体交差するアクセス・コントロールされた道路であり、切土、盛土、高架、トンネル、橋梁などの道路構造の種類や組み合わせは、工事費や施工方法に関する技術的検討を含む概略設計を行いながら、路線計画の段階で決定されます。

　道路法に従って路線の指定及び認定がされ、道路構造令に基づいて道路の種類が決定された後、将来交通量予測により通過する地域の地形などから設計速度、幅員を設定し、カーブの曲率、縦断勾配などの設計条件を決定します。路線が通過する予定地域の市街地や産業施設の分布状況を考慮して、経由すべき地点や一般道路との間の出入りを行うインターチェンジの位置を概略想定します。該当地域の地形図、都市計画図、文化財、生物分布図、植生図などの調査資料を収集して、重要な施設や貴重な生物が存在する場所や高い工事費がかかる場所など避けるべきコントロールポイントを社会や環境への影響を考慮して抽出します（2-2節参照）。それらを制約条件として、道路構造令による曲線半径や勾配などの基準値を照合しながら平面・縦断・横断各線形の概略設計を行います。複数の路線の位置を代替案として図面上で設定し（ペーパー・ロケーション）、「経済性：事業費」「投資効果：時間短縮、燃料代の節約、交通事故の減少、環境負荷の軽減、沿道地域の土地利用開発などの経済効果」「施工性：工事の技術的難易度、切土と盛土の均衡」「機能性：平面・縦断線形による安全性や利便性」「環境影響：生活環境、地形・地質、動植物など自然環境」などの観点から総合的に比較評価して最適路線を決定します。なお、高速道路では中央分離帯を設置して上り線と下り線を分離することが原則ですが、同じ高さの地表面に上下線共に配置すると施工や工費の面で不利な場合や貴重な樹木などが道路中央部にある場合、上下線の間隔を広げたり段差を設けるツイニング（twinning）即ち上下線完全分離が行われることがあります（図5-3-1の7、11）。

図 5-3-1　斜面を通る高速道路の様々な横断面形状

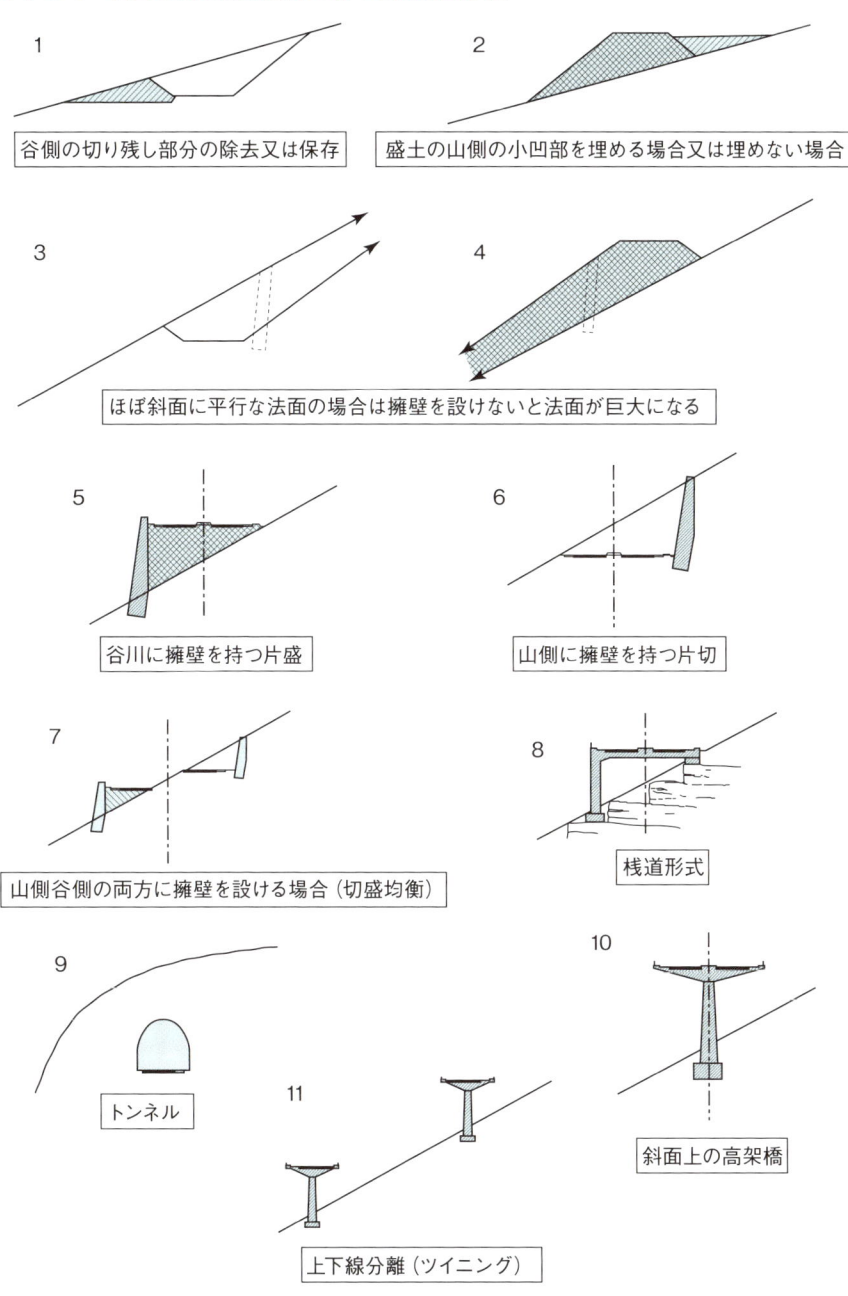

1　谷側の切り残し部分の除去又は保存

2　盛土の山側の小凹部を埋める場合又は埋めない場合

3

4　ほぼ斜面に平行な法面の場合は擁壁を設けないと法面が巨大になる

5　谷川に擁壁を持つ片盛

6　山側に擁壁を持つ片切

7　山側谷側の両方に擁壁を設ける場合（切盛均衡）

8　桟道形式

9　トンネル

10　斜面上の高架橋

11　上下線分離（ツイニング）

5-4 高速道路の結節点

●インターチェンジとジャンクション

　一般の道路から高速道路に出入りする結節点をインターチェンジ（interchange）といい、ICと略記します。インターチェンジでは複数の道路との間をランプで接続し、交差する箇所は立体交差の構造となっています。ランプとはランプウェー（ramp way）の略で、立体交差部分で高さが異なる二本の道路を接続する傾斜路を意味します。高速道路への入口はオン・ランプ、出口はオフ・ランプと呼ぶことがあり、有料道路の場合は料金所が置かれます。定額の通行料金を入口で収受する方式の有料道路では出口に料金所はありません。オン・ランプから本線車線へ進入する区間を合流車線または加速車線、本線車線からオフ・ランプへ進入する区間を分流車線または減速車線と呼びます。一方、複数の高速道路同士が接続する結節点を日本ではジャンクション（junction）といい、JCTと略記します。異なる方向に流れる複数の自動車交通を、信号交差点を設置せずに制御し、交通事故を抑制するために設けられる施設です。呼称の付け方には法令による規定は特に無く、高速道路同士の結節点で料金所がある場合にインターチェンジと称している事例もあります。施設の法的定義は、道路法第四十八条の三に「自動車専用道路の部分を道路、軌道、一般自動車道又は交通の用に供する通路その他の施設と交差させようとする場合の当該交差の方式」と規定された立体交差の施設であり、道路構造令に設計基準が定められています。インターチェンジやジャンクションは、所属する道路の道路管理者（国土交通省、道路管理会社、都道府県等）が管理し名称等を決定しています。

●ジャンクションの平面形状

　ジャンクションの平面形状は、交差する本線の間の交差角や、接続する道路の配置の仕方により様々なパターンがあります（図5-4-1）。ランプの配置形状により分類され、これらを組み合わせたり、一部のランプがない変形パ

図 5-4-1　ジャンクションの分類

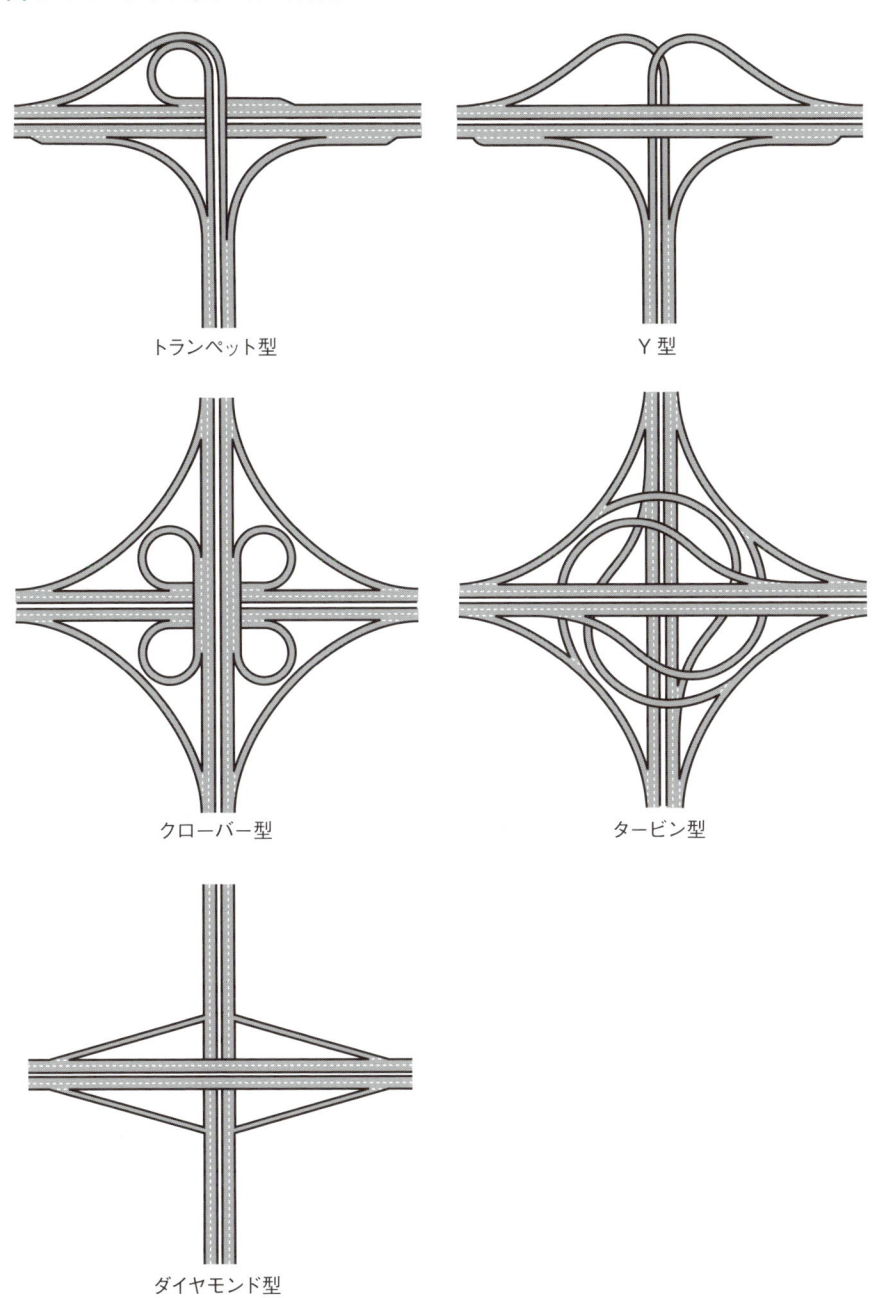

トランペット型

Y 型

クローバー型

タービン型

ダイヤモンド型

ターンもあります。それぞれ一長一短があり、取得用地面積や建設予算に応じて決定されます。最近はトランペット型やY字型が多く、4方向からの交通が1方向の車線に集中しようとするとその地点で渋滞が発生することが多いクローバー型やタービン型の設置数は僅かです。料金所が不要な場合や用地の取得が困難な場合はダイヤモンド型が採用される傾向があります。2本の高速道路が分流あるいは合流する箇所もジャンクションと呼ばれる場合がありますが、本線車道を相互に平面接続することが可能です。そのような分流・合流地点が連続する区間や、オン・ランプの次にオフ・ランプがある場所では、進路変更をする車両群が左右の車線を縫うように入れ替わるウィーヴィング（weaving）と呼ばれる走行現象が起き、接触事故の危険性が高まりやすいため、速度制限などの規制をする場合があります。

●スマートインターチェンジ（スマートＩＣ）

スマートＩＣは、通行可能な車両をETC搭載車両に限定して、一般道路から高速道路に乗り降りができるETC専用のインターチェンジです。料金の支払い方法が限定されているため料金徴収員が不要で、遮断機がある簡易な施設の設置で済み、低コストで導入できる利点があり、次の2種類があります。

SA・PA接続型：高速道路との接続箇所がサービスエリアまたはパーキングエリアであるスマートICです。既存施設の活用により比較的容易にアクセス路を確保できます（図5-4-2）。

本線直結型：高速道路本線へ直接アクセス路を接続させるスマートICです。サービスエリアやパーキングエリアが存在しない箇所に設置することができます（図5-4-3）。

図 5-4-2　SA・PA 接続型スマート IC

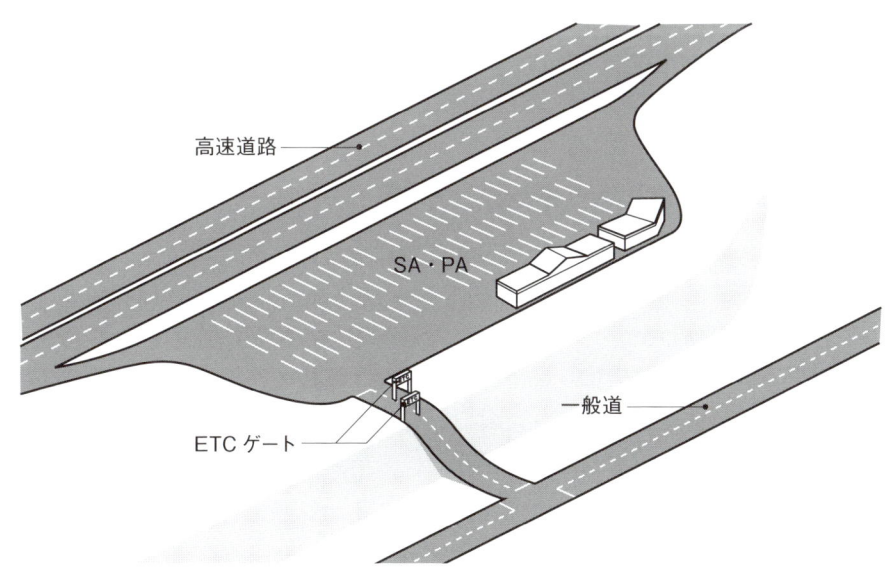

図 5-4-3　本線直結型スマート IC

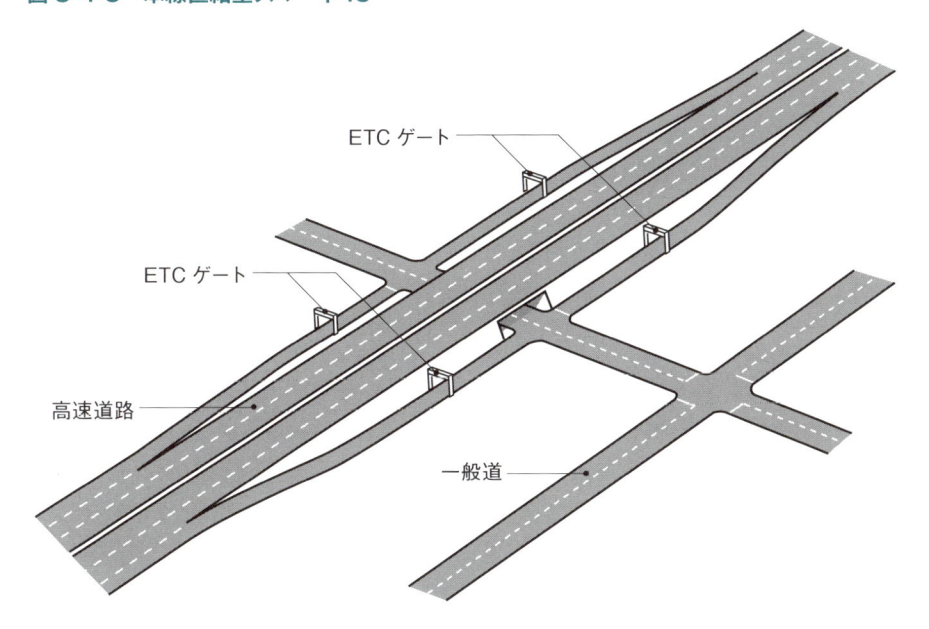

5-5 休憩施設

●サービスエリアとパーキングエリア

　高速自動車国道法により、高速自動車国道には沿道に商店を建てたり路肩に自動車を停車することができないため、休憩施設として概ね50km（北海道では80km）間隔でサービスエリア（SA）、15km間隔でパーキングエリア（PA）が設置されています。駐車場、トイレ、休憩所、緑地や遊具施設などの無料の施設の他、レストラン・食堂、売店、情報コーナー、給油・修理のためのガソリンスタンドなどが設けられ、入浴施設や宿泊施設があるところもあります。一般にSAはPAより規模が大きいのですが、明確な規定はなく、SAより大きいPAもあります（図5-5-1）。

●民営化後のSA・PA

　高速道路の民営化後は、食堂に大手チェーン店を、売店にコンビニエンスストアを導入するSAやPAが増加しています。これらは道路法により道路管理者の占用許可が必要な施設で、道路法施行令に「高速自動車国道又は自動車専用道路に設ける休憩所、給油所及び自動車修理所、高速自動車国道又は自動車専用道路の連結路附属地（インターチェンジの敷地）に設ける食事施設、購買施設その他これらに類する施設」として掲げられている道路サービス施設です。従来のSA・PAの敷地は全域が道路区域内だったため、日本道路公団の資産である道路区域の上に事業者の資産である道路サービス施設が占用許可を得て設置されていました。公団の民営化により道路サービス施設の敷地は道路区域からはずされ、事業者である財団法人の所有だった休憩施設等の資産は敷地と一体で各道路会社に承継されました。残りの敷地やトイレ等は道路区域として独立行政法人日本高速道路保有・債務返済機構（高速道路機構）に承継されています。

●利便増進施設

1998年9月の道路法改正後、高速自動車国道又は自動車専用道路の連結路附属地に、利便増進施設と総称される食事・購買その他に類する施設の事業者を公募して、占用料を徴収した上で占用を許可できるようになりました。インターチェンジで空地となっている土地の有効活用であり、イベントスペースや住宅展示場を設けることも可能です。

図 5-5-1　サービスエリアの施設配置イメージ

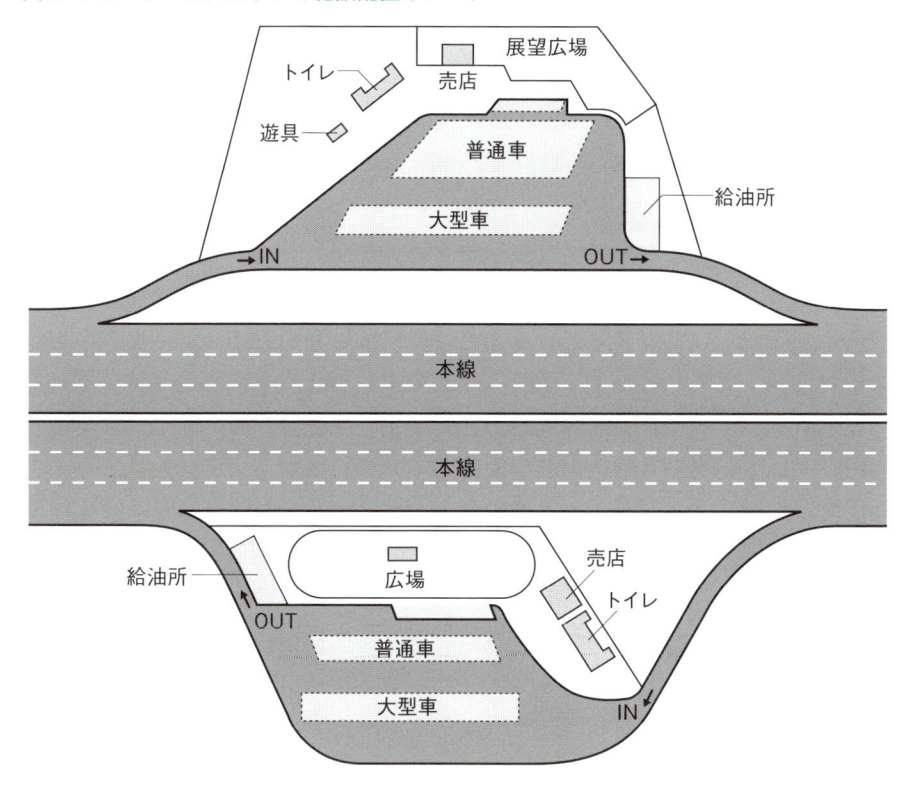

5-6 高速道路の料金システム

●有料道路とは

　有料道路は通行料金を徴収できる道路です。道路法に拠る道路は無料が原則ですが、道路整備特別措置法により料金徴収を認められる場合があり、現在供用中の有料道路には各高速道路株式会社が運営する高速自動車国道や地方自治体管理の一般有料道路等があります（表5-6-1）。

●高速道路の料金制度

　高速道路の料金制度は対距離料金制と均一料金制があり、期間限定やETCと組み合わせた各種の割引制度が設けられています。高速自動車国道では全国同一の料金水準に基づく対距離料金制がとられ、走行距離に応じて変わる部分と利用1回ごとにかかる固定部分（ターミナルチャージ）で金額が決まります。5つの車種区分があり、料金比率は普通車1.0、特大車2.75、大型車1.65、中型車1.2、軽自動車等0.8です。長距離を利用するほど1km当たりの料金が下がる長距離逓減制があります。建設費が高い大都市近郊などの区間では1km当たりの料金が全国水準より高い特別料金が、大量の交通量を円滑に処理する必要がある区間では均一料金が設定されています。本州四国連絡道路の通行料金は高速自動車国道と同じ対距離料金制ですが、陸上部と海峡部では走行距離による変動部分の1km当たりの料金が異なります。首都高速道路、阪神高速道路では各道路網を3つの料金圏に分け、各圏内では走行距離に関係なく均一料金制になっています。料金区界（料金圏間の境）などの区間では、短距離利用者を考慮して均一料金より安い特定料金が設定されています。

●ETC

　ETC（Electronic Toll Collection System）は、高速道路に集中する車が料金所で引き起こす渋滞を解消するために導入されたシステムです。料金

はETCカードに登録したクレジットカードによる後払いで、対距離料金制、均一料金制の両方の有料道路に対応しています（図5-6-1）（9-6節参照）。

表5-6-1　有料道路の事業主体と種類

事業主体	有料道路の種類（道路法による道路）
東日本高速道路株式会社 中日本高速道路株式会社 西日本高速道路株式会社	高速自動車国道＜東名，名神など＞ 一般有料道路（一般国道、都道府県道、指定市道） ＜東京湾アクアライン、圏央道＞
首都高速道路株式会社 阪神高速道路株式会社 指定都市高速道路公社（名古屋・福岡・北九州・広島）	都市高速道路
本州四国連絡高速道路株式会社	本州四国連絡道路（一般国道、自動車専用道路）
地方道路公社	一般有料道路（一般国道、都道府県道、市町村道）
地方公共団体	一般有料道路（都道府県道、市町村道）
	有料橋・有料渡船場（都道府県道、市町村道）

図5-6-1　ETCシステムの利用手続き

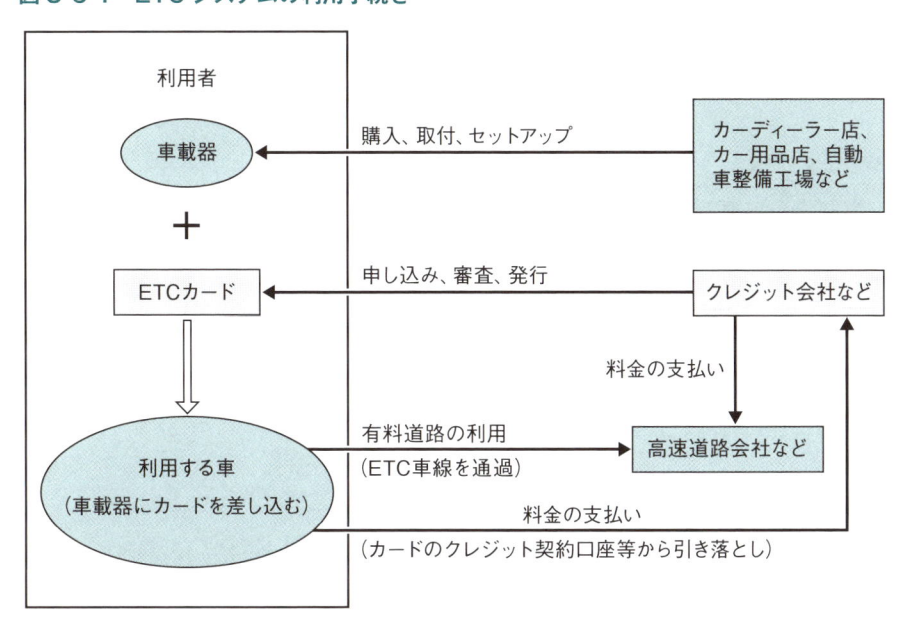

5-7 高速道路の安全対策

●防護柵

高速走行する自動車が故障や運転操作ミスにより接触または衝突する事故に備えて、事故を起こした車両が路外や対向車線へ飛び出さないよう路側及び中央分離帯に沿ってガードレールやガードロープなどの防護柵を設置します。一般の道路に設置される防護柵よりも延長が長く、大きな衝撃を吸収する工夫がされています（図5-7-1）。

●非常駐車帯

高速自動車国道および自動車専用道路では、原則として本線車道全線に渡り加速車線・減速車線・登坂車線でも駐停車は禁止されています。故障他の理由によりやむを得ず停車又は駐車（継続的な停車）をする車に備えて、路肩に十分な幅員を取ります。非常駐車帯は故障車・緊急車両・道路管理車両等の駐車を目的に道路の路肩に設置されるスペースです（図5-7-2）。非常電話が併設され、トンネル内の場合は緊急避難通路へ接続されています。

●防眩対策

夜間走行をする運転者が対向車線を走る車のヘッドライトの眩しい光に惑わされて事故を起こさないように、中央分離帯に眩光防止板（防眩板、遮光板）（図5-7-1）や植栽を設ける場合があります。トンネルの出口付近では外の明るさに目が慣れるまで（明順応：40秒～1分）、徐々に明るくなるようトンネルの断面を漸増させ、入口付近では暗さに目が慣れるまでの間（暗順応：30分～1時間）、照明を徐々に暗くするなどの対策をしています。

●横風対策

高速で走行している最中に強い横風が吹くと、自動車は側方へ移動し非常に危険です（図5-7-3）。対策として横風が発生しやすい場所や、トンネルの

出口、遮音壁の終端部付近などに吹流しを設置して運転者の注意を促します。

図 5-7-1
強化型防護柵と眩光防止板

図 5-7-2
非常駐車帯

図 5-7-3　横風による車の側方移動

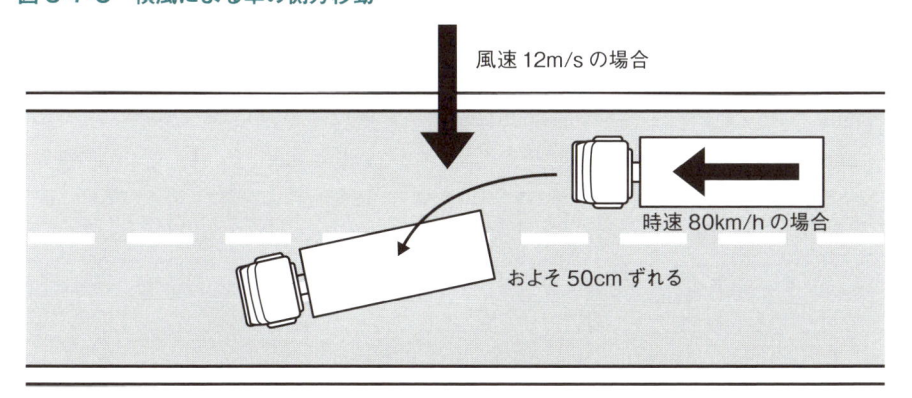

世界の高速道路事情

　速度制限がない区間があることで有名なドイツのアウトバーン（Autobahn）は、1920年代のヴァイマル共和国時代に構想が立てられ、ナチスドイツ時代の1935年にフランクフルト〜ダルムシュタット区間が最初に開通しました。アウトバーンは走行中に目に入る景観も配慮して設計され、日本の高速道路にも影響を与えました。スイス、フランス、オーストリア、オランダ、デンマークなど隣国の高速道路とも密接につながっています。オランダとデンマークの高速道路は無料ですが、国により有料区間と無料区間があります。フランスの高速道路オートルート（Autoroute）やイタリアの高速道路アウトストラーダ（Autostrada）は有料区間が多く、他国から国境を越えると本線上に料金所が現れます。

　アメリカ合衆国では1907年にニューヨーク州で最初の高速道路の建設が開始され、やがてインターステート・ハイウェイ（Interstate Highway：州間高速道路）の整備に広がっていきました。合衆国やカナダの高速道路の一種であるパークウェイ（Parkway：公園道路）は、中央分離帯や道路の両側に芝生や街路樹が植えられ、沿道は公園として整備されているところも多く、美しい景観の中を快適にドライブできるように整備されています。パークウェイは通過交通を前提に設計された自動車専用道路で、一部有料の区間もあり、湖畔を通る場合はレイクサイド・ドライブ、川辺を通るものはリバーサイド・ドライブなどの名称が与えられています。速度制限が設けられるとともに、通行は一般車両に限定され、トラックなどの商用車両の通行は禁止されています。パークウェイの整備は1930年代に合衆国の政策に位置づけられ、全米に拡大しました。

　高速道路ではありませんが、世界初の有料自動車道路は1924年にイタリアの工業都市ミラノから避暑地のコモの間に整備された約24kmの区間とされています。

第6章

トンネル

日本は山が多く、昔から交通の難所とされてきました。
断層帯など難しい地質条件の場所が多いからこそ
日本のトンネル技術は世界有数の水準に成長したのです。

6-1 トンネルとは

●トンネルの定義

　トンネルとは、地上から目的地まで地下や海底、山岳などの地中を通るために人工的に形成された土木構造物であり、断面の高さまたは幅に比べて軸方向に長い線状の地下空間をいいます。

　1970年のOECDトンネル会議では「計画された位置に所定の断面寸法をもって設けられた地下構造物で、その施工法は問わないが、仕上がり断面積が2㎡以上のものとする」と定義されました。

　日本ではかつて中国語と同じくトンネルは、隧道（ずいどう）と呼ばれていました。今日では一般的には「トンネル」と呼ばれるようになりましたが、古いトンネルの正式名称に「隧道」と記されていることもあります。

　日本で一番最初の人が通るためのいわゆる道路トンネルとしては、大分県の本耶馬渓町（ほんやばけい）にある「青の洞門（あおのどうもん）」が有名です（図6-1-1）。

図6-1-1　青の洞門

全長は約342 m。1763年（宝暦13年）4月に完成。禅海和尚が石工たちを雇い「ノミと槌だけで30年かけて掘り抜いた」との逸話も残されている。開通後、通行人から通行料を徴収したという話が伝わっており、日本最古の有料道路とも言われる。現在は、自動車を通過させるため完成当時よりかなり変形しているが、一部にノミの跡が残されている。

●トンネルの分類

トンネルの種類は、位置・場所による分類として山岳トンネル（山岳部でのトンネル）、都市トンネル（都市部でのトンネル）、水底トンネル（海・湖・河川の下にあるトンネル）に分けられ、使用目的による分類としては図6-1-2に分けられます。また、施工方法による分類としては、山岳トンネル工法、開削トンネル工法、シールドトンネル工法、沈埋トンネル工法に分けられます。これらの工法については、次項以降で詳しく述べます。

図6-1-2　使用目的によるトンネルの分類

道路トンネル：
自動車専用のトンネル。長大トンネルでは換気設備、防災設備が必要である。

鉄道トンネル：
鉄道専用のトンネル。換気が困難な長大トンネルにおいては、通常電化される。

河川（水路）トンネル：
河川など水を流すためのトンネル。

●トンネルの形

　トンネルの形は、一般に「トンネルの中を何が通るか」という使用目的の他に、建設される場所の地盤条件に左右される建設方法によって決まります。都市部の地下の柔らかい地盤を掘るシールド機は、円形となることが多く、同じ都市部の浅い場所に掘る開削トンネルは、四角形がほとんどです。山岳地域に建設される山岳トンネルは、山を支えながら掘る必要があるため、構造的に優れる馬蹄形をしています。

図 6-1-3　工法別におけるトンネルの形

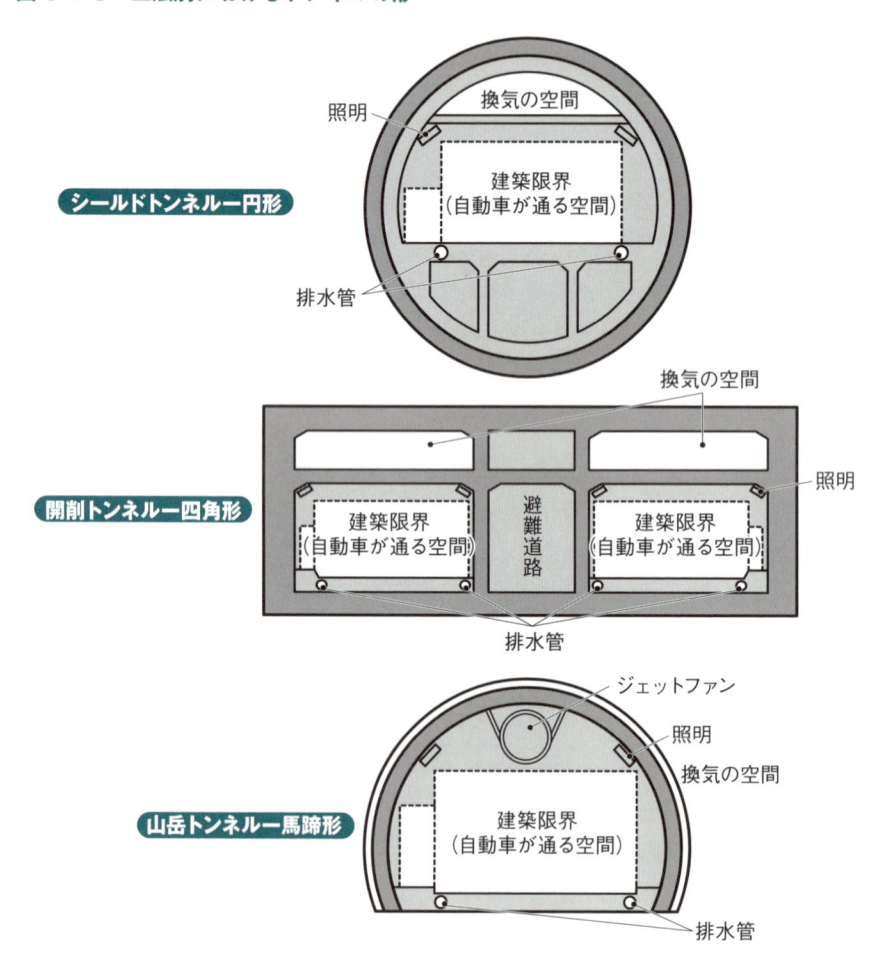

6-2 トンネルの工法選択

　トンネルの工法の選択は、前項で述べたようにいろいろな工法がありますが、道路トンネルの場合でも立地条件、地質条件、施工条件、周辺環境、経済性などの諸条件によって決定されます。

●山岳トンネル工法

　山地部などの主に硬い岩盤にトンネルを造る場合で、主に道路トンネルで多く採用されている工法です。しかし、近年では土かぶりの厚さが小さく、地質が柔らかい都市部でも山岳トンネル工法の技術が向上してきたことや、他の工法に比べてコスト的に安くなる場合は、山岳トンネル工法が採用されています。また、都市部で2本のトンネルが接しているめがねトンネルの場合にも山岳トンネル工法が採用されています（図6-2-1）。

図6-2-1　めがねトンネルの例：五ヶ岡トンネル

●シールドトンネル工法

　機械の製作費などが嵩むため工事費は高くなりますが、確実で安全な施工ができ、掘削による沈下などの周辺への影響が少ない工法なので、都市部などの地上部が開発されている場所や、河川下などの土砂層に道路トンネルを造る場合に採用されています。

図6-2-2
シールドトンネル工法の例：
台湾、高雄市の地下鉄トンネル

●TBM（Tunnel Boring Machine）工法

　シールドトンネル工法が柔らかい地山を掘るのに対して、山地部などの硬い岩盤を速く掘る場合に用いられます。新東名・名神高速道路の大断面トンネルでは導坑を先進させて地質の確認や事前の補助工法を行うためにTBM工法を採用しています（図6-2-3）。

図6-2-3
TBM工法の例：
金谷トンネル

●開削トンネル工法

　主に都市部で地下の浅い所にトンネルを造る場合に用いられています。開削トンネルは、一度地上より地盤を掘り下げた後にトンネルを建設するため、他のトンネルよりコストは安くなります。立地条件としては、地上から掘削できることが必須条件となります。

図 6-2-4
開削トンネル工法の例：
矢切函渠

●沈埋トンネル工法

　あらかじめ製作した箱形コンクリート構造体を水底に沈設する工法です。水深がさほど深くなく、流速もほとんど無い水底に沈めることが可能な場所に採用されています。

図 6-2-5
沈埋トンネル工法の例：
安治川隧道

6-3 山岳トンネル工法

●山岳トンネル工法とは

　山岳トンネル工法は、山地部で岩盤などの硬い地盤を掘るための工法です。直接、岩盤などを掘削する方法で、主に爆薬を使用する発破工法で掘ります。

　道路トンネルで代表的な山岳トンネルの掘削工法としては、岩盤が硬く地山の状態がよい場合には全断面を一回で掘る全断面工法が採用されます。日本では全断面工法で掘れる地山があまりないので、国内の地質に合う掘削工法としては、トンネル断面を上半と下半に分けて掘削する上部半断面工法が今までは標準的な工法として採用されてきましたが、最近は全断面工法の一種として切羽に2〜5m程度の補助ベンチを設けて掘削する補助ベンチ付全断面工法が主流になりつつあります（図6-3-1）。このほかに導坑先進工法や中壁分割工法があります。

図6-3-1　山岳トンネルの掘削方法

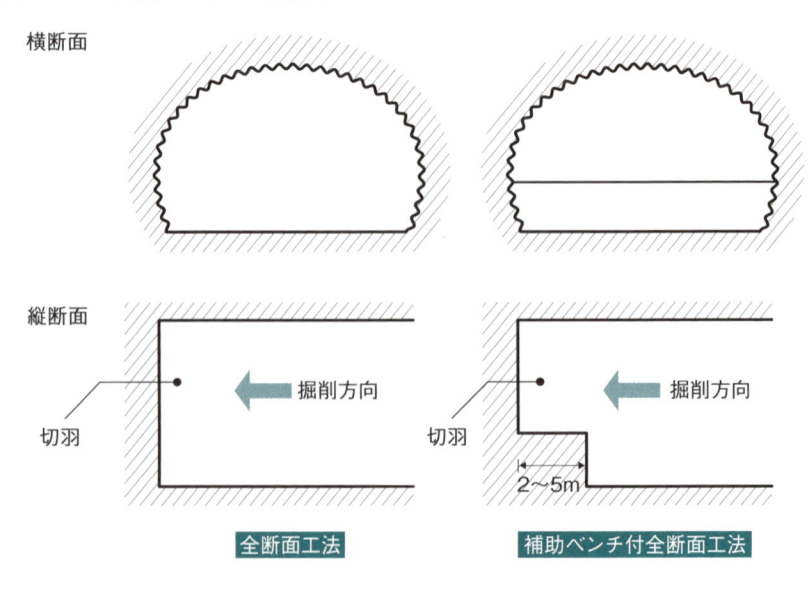

●山岳トンネル工法の施工

　爆破掘削を行う場合の代表的な施工方法は、ドリルジャンボという機械で岩盤を穿孔して孔をあけ、そこに爆薬を装填して結線し発破します。発破後は、細かくなったズリをトラクタショベルで積み込んでダンプトラックでトンネルの外に運び出します。

　トンネルを掘る地盤が柔らかい場合には、トンネルの断面を自由に掘削できる自由断面掘削機を使用して掘削しますが、岩盤が硬くて機械では掘削できない場合にはダイナマイトを使用して爆破掘削を行います。

　トンネルを掘った後は、地山が崩れないように支保工で地山を支えて空間を確保します。支保工は、現在はＮＡＴＭが主流になっており、コンクリートを吹付けてロックボルトを打設し、地山が悪くなると鋼製支保工を建て込みます。

　トンネルを掘削して支保工で地山が崩れないことを確認したら、最後に、支保工の内側にコンクリートを打設し、車が安全に通れる空間を確保できるように仕上げます。これを覆工といいます。

図6-3-2　施工の流れ

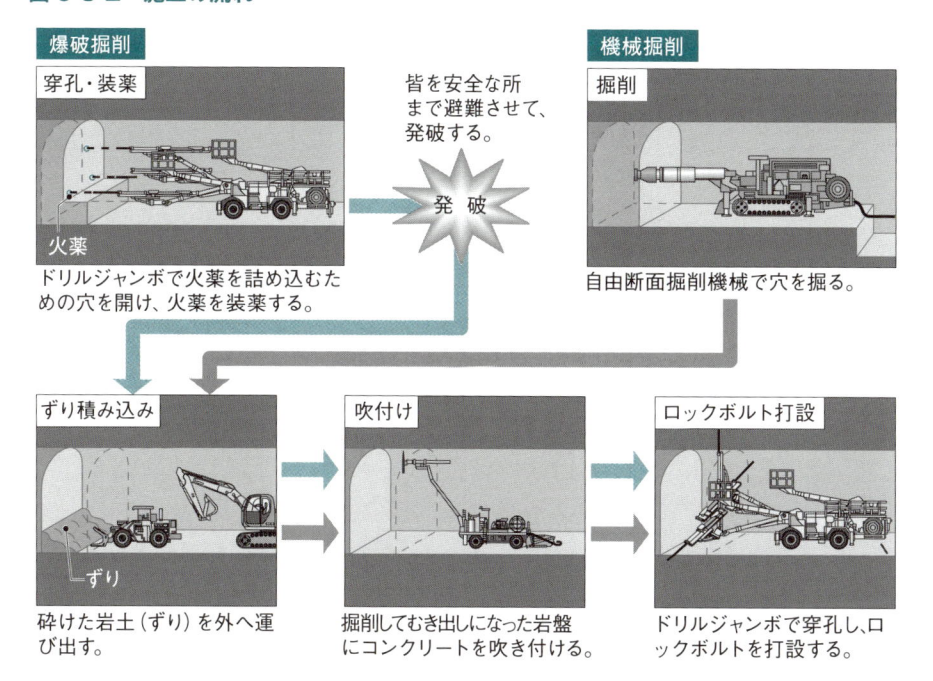

爆破掘削

穿孔・装薬
火薬
ドリルジャンボで火薬を詰め込むための穴を開け、火薬を装薬する。

皆を安全な所まで避難させて、発破する。
発　破

機械掘削

掘削
自由断面掘削機械で穴を掘る。

ずり積み込み
ずり
砕けた岩土（ずり）を外へ運び出す。

吹付け
掘削してむき出しになった岩盤にコンクリートを吹き付ける。

ロックボルト打設
ドリルジャンボで穿孔し、ロックボルトを打設する。

6-4 シールドトンネル工法

●シールドトンネル工法とは

　シールド機（図6-4-1）を使用してトンネルを掘るシールドトンネル工法は、砂、粘土、砂礫などいろいろな地質を掘れる工法で、周辺環境に悪影響を与えないでトンネルを造ることが可能です。そのため、シールドトンネル工法は、都市部などの地上部が開発されている箇所や河川下などの地下水が豊富な箇所でも、安全にトンネルを造ることができます（図6-4-2）。

●シールドトンネル工法の施工

　シールドトンネル工法の代表的な施工方法は、シールド機を発進させるために、開削工法によって立坑を構築し、地下に発進設備を収める基地を造ります。それからシールド機を立坑に搬入して発進をします。

　シールド機は隔壁があり、作業員が作業を行う部分と、土砂を溜めるチャンバーという部分に分かれています。また、シールド機の前面では、土砂や地下水などがシールド機の中に入ろうとする力が働きます。この力に対して隔壁内に詰め込まれた土砂と水を機械全体で押して対応することで、地山を崩すことなく進むことができます。開口部から中に入った土砂は、隔壁で分けられたカッタヘッド内に入り、隔壁に設置されたスクリューコンベヤを通ってトンネル内に運ばれます。

　シールド機で掘削した後にトンネルの内部を覆うセグメントを組み立てます。セグメントは、5～6分割に分かれていて、下から順に組立を行い、ボルトで締結します。セグメントの組立は、シールド機の中に付いているエレクターを使って組み立てます。エレクターはセグメントを所定の位置に設置する機械です。

　シールド機の掘進は、組み立てたセグメントにジャッキを押しつけてジャッキが伸びることで前に進みます。セグメントが1リング分だけジャッキが伸びたらジャッキを戻してセグメントを組み立て、これを繰り返しながら尺取り虫のように進みます。

図 6-4-1　シールド機

東京湾横断道路のトンネル工事の一部で、木更津人工島（現在のウミホタル）から川崎換気塔（風の塔）に向かい、約5kmを掘り進む寸前のシールド機。その直径はおよそ12mにも及ぶ。

図 6-4-2
シールドトンネルの例：
東京湾横断道路

図 6-4-3　シールドトンネル工法の施行

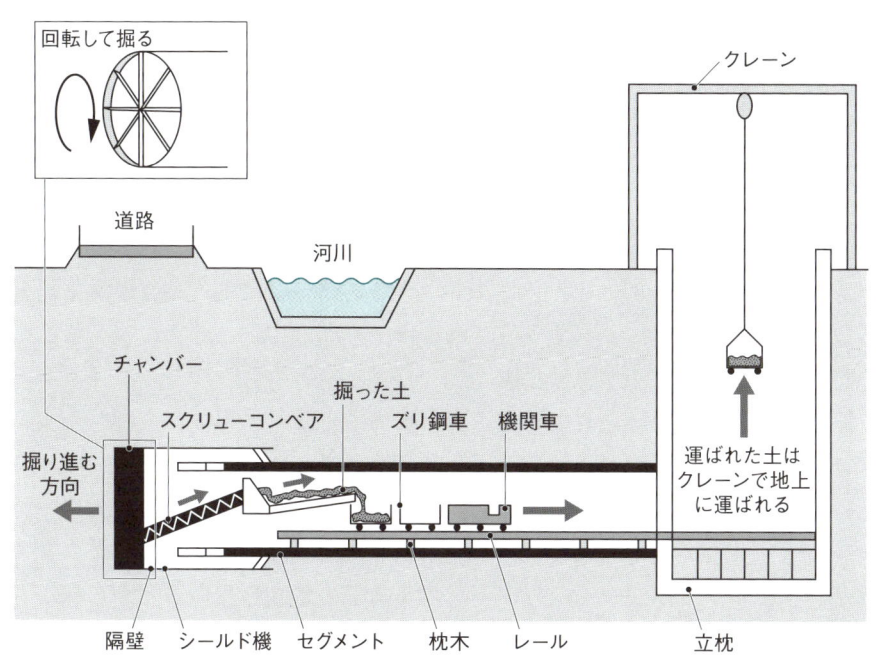

6-5 開削トンネル工法

●開削トンネル工法とは

　開削トンネル工法は、地上から地盤を掘削し、その中にトンネルを造り、後で上部を土や砂などで埋め戻す工法で、比較的浅い地下のトンネルを施工するときに用いられます。

　この工法は、シールドトンネル工法などに比べて経済的であること、また、大規模で複雑な形状のトンネルが構築できることなどを活かして、都市トンネルの標準的施工法として活用されています。一方、地表面を占有して工事が行われるため、道路交通や沿道に与える影響が大きいことが難点としてあげられます。

　開削工法によるトンネル断面には、ほとんどの場合、長方形の箱形トンネルが用いられ、構造材料には鉄筋コンクリートを採用することが普通です。

●開削トンネル工法の施工

　開削の方法としては、周辺の土砂の崩壊を防ぎ地盤の安定を保つように斜面の勾配を取って開削する「法切り開削」や、地表面より土留めと支保工を施しながら溝を掘削し、コンクリートの床、壁、天井を構築するか、あらかじめ成型されたトンネル構造物の各部分を設置してその中にトンネルを構築した後、トンネルの上から溝を埋め戻して路面を復旧する「土留め開削工法」があります（図6-5-1）。工事中地表面の道路交通を確保する必要がある場合には、杭や土留め壁によって支持される横桁を架けて、この上に覆工板を敷く路面覆工による方法があります。

　近頃では、通常用いられている箱形の断面ではなく、事前に成型した大型ブロックをアーチ状に積み上げ、それを進行方向につないでトンネルとし、その上に土砂を被せるという工法も採用されてきています（ヒンジ式アーチカルバート工法）（図6-5-2）。この工法は、一定勾配で直線であればコストはかかりますが工期が短くなり、トンネル内部の景観も良いことから採用されつつあります。

図 6-5-1　開削トンネル工法の手順（土留め開削工法）

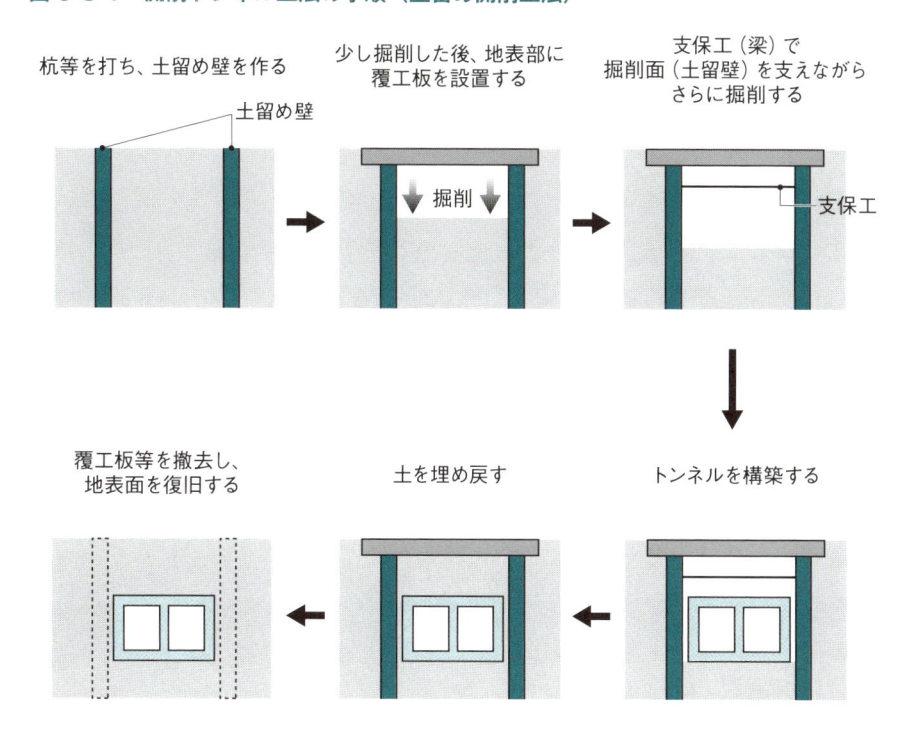

杭等を打ち、土留め壁を作る　→　少し掘削した後、地表部に覆工板を設置する　→　支保工（梁）で掘削面（土留壁）を支えながらさらに掘削する

覆工板等を撤去し、地表面を復旧する　←　土を埋め戻す　←　トンネルを構築する

図 6-5-2　ヒンジ式アーチカルバート工法

従来の工法より工期短縮・省力・省人化・工費節減が図られ、コンクリート二次製品のため品質が安定している。また、アーチ形状のため景観と調和し易く、耐震性にも優れている。

6-6 沈埋トンネル工法

●沈埋トンネル工法とは

　沈埋トンネル工法は、水底または海底のトンネル設置場所にあらかじめ溝を掘っておき、そこに陸上で造られた大きな箱型のコンクリート構造物を順次並べてコンクリートを沈め、埋設する工法です（図6-6-1）。この工法は、沈埋函を次々に沈めては、先に沈めた沈埋函に大型ボルトでつなぎ合わせる方法と重く厚いコンクリートの壁によってトンネルが浮くのを防ぐ方法があります。

　沈埋トンネル工法の特徴は、函体がプレハブ方式により製作されているため、構造的に高品質で水密性に優れた構造です。トンネルの土被りを小さくできるので、トンネル長を短くできます。函体の比重が小さいため、地盤の支持力があまり必要なく、また、プレハブ方式なので、現場では沈設・据え付け時間が短くて済みます。

●沈埋トンネル工法の施工

　代表的な沈埋トンネル工法の施工方法では、まず初めに、海底の設置場所でグラブ式浚渫船により施工箇所をトレンチ浚渫し、あらかじめ函体を埋めるための掘り込みをします。その底部には基礎捨石を敷いて基盤面を整備し、函体を沈設します。次に、アンカーワイヤーで位置を調整しながら函体を据え付け、終了後に隣の函とのつなぎ目の水を抜き、閉め切ってあった扉を開放します。このため、接合には高い精度が求められます。接合方法には継ぎ手部の周囲を水中コンクリートで固める方法や、ゴムガスケットで水圧を利用し、引き寄せて圧着させる方法があります。こうした方法で据え付けられた沈埋函は、最後に函の上に土を盛って元の海底の深さまで埋め戻します。埋め戻しは、函底コンクリート打設後に沈埋函の浮上に対する安定性を確保して、落下物により函が損傷するのを防ぐことが目的です。

図 6-6-1 沈埋トンネル工法の概念図

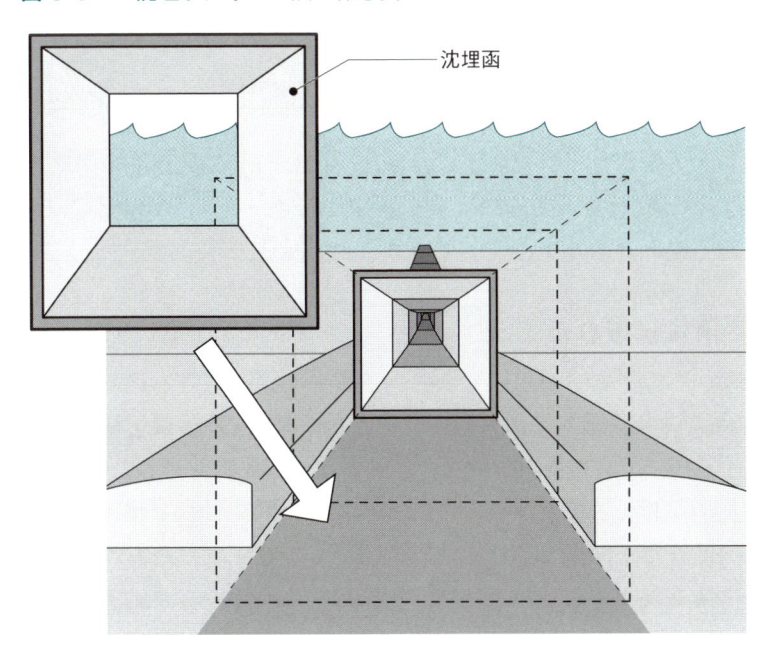

沈埋函

図 6-6-2 沈埋トンネル工法の施工図

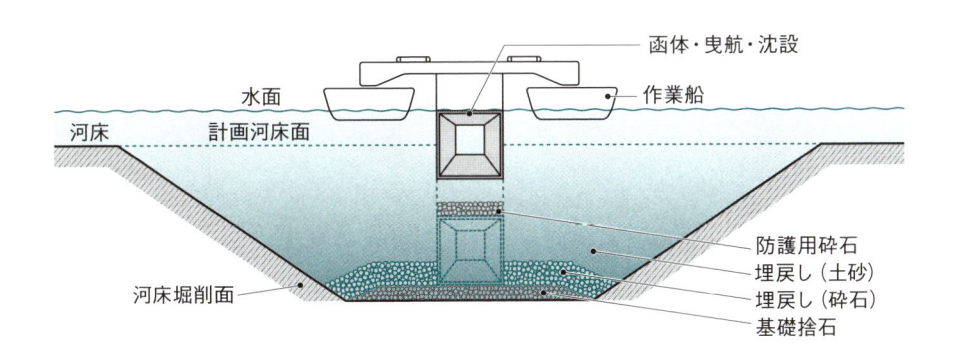

函体・曳航・沈設
水面
作業船
河床
計画河床面
防護用砕石
埋戻し（土砂）
埋戻し（砕石）
河床堀削面
基礎捨石

6・トンネル

6-7 TBM工法

　TBMは、トンネルボーリングマシン（Tunnel Boring Machine）の略で、形状は茶筒のような円形で、先端に地盤を掘削するカッタ・ヘッドがあり、その部分が回転してトンネルを掘削していきます。

●環境性、経済性に優れた工法

　TBM工法は、このTBMを用いて硬い地盤を速く掘削する工法です。従来、岩盤の中にトンネルを造るには火薬を爆発させて掘削する発破工法で行っていましたが、TBM工法を使用した場合、大きな音や振動が生じないため、環境に優しい工法として、また、その機構上非常に掘削スピードが速いことから、経済的に優れた工法として近年注目を浴びています。ただ、TBMの製作や組立に時間を要すること、TBM製作に対する初期投資が大きいことなどの理由で、現状では長いトンネルでないとその経済性が発揮できません。また、硬い地盤を山岳トンネル工法で掘削する道路トンネルではTBMで掘る断面が円形なので、導坑あるいは避難坑で使用する場合がほとんどです。道路トンネルを全断面で掘削した事例としては、唯一飛騨トンネルがあります（図6-7-1）。

　掘削方法は、カッタ・ヘッドに付いているカッタにより岩盤を圧壊または切削します。TBM工法は、岩盤にトンネルを掘ることからシールドトンネルと違って地山が崩れないので、TBMには隔壁が無く、削った岩盤を直接ベルトコンベヤでトンネル内から外に運び出します。

図6-7-1　飛騨トンネル

● TBM工法の施工

　TBMは、シールドタイプとオープンタイプに分けられますが、ここでは主に硬い岩盤に用いられるオープンタイプの進み方について説明します。ま

ず、メイングリッパ（A）を岩盤に押しつけて固定し、ジャッキを伸ばしながら掘削します。次に、フロントグリッパ（B）を岩盤に押しつけて前の部分を固定してからジャッキで後ろの部分を引き寄せます。これを繰り返しながら尺取り虫のようにして前進していくのです（図6-7-2）。

図 6-7-2　TBM 工法の施工（オープンタイプ）

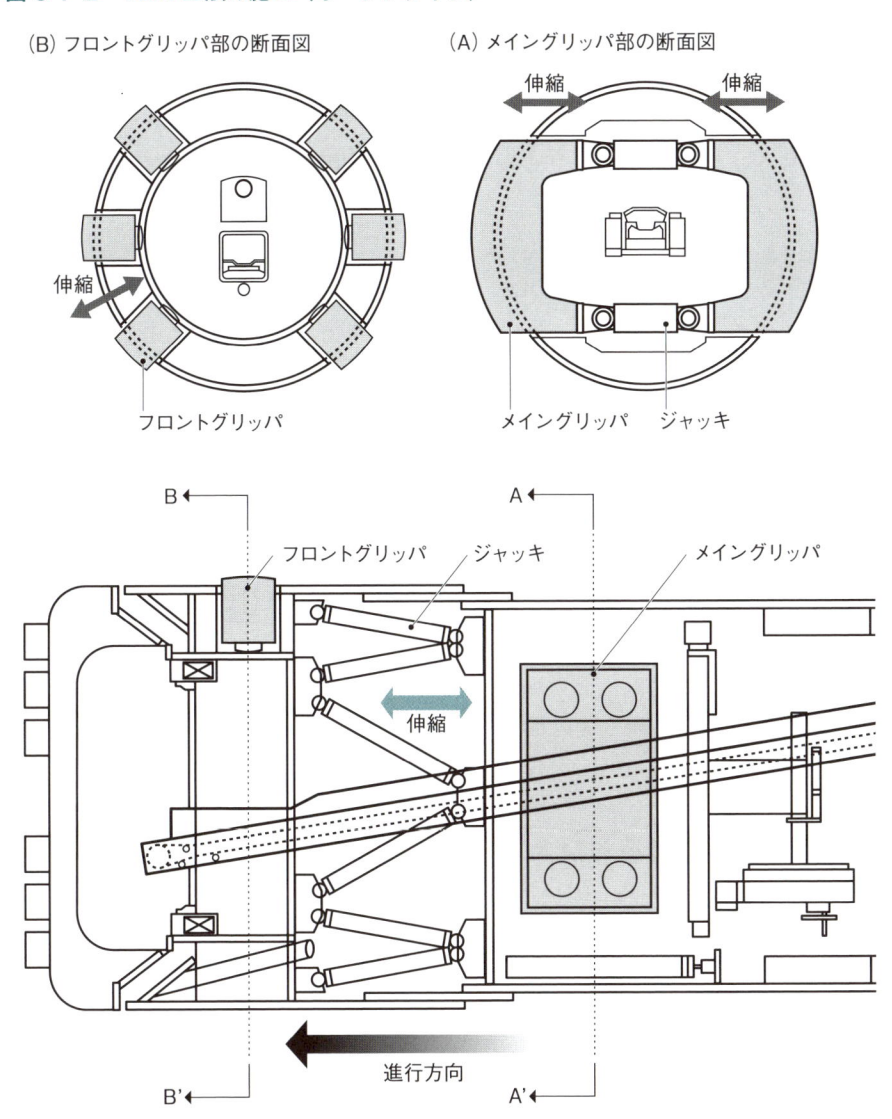

(B) フロントグリッパ部の断面図　　(A) メイングリッパ部の断面図

6-8 NATM

●NATMとは

　ＮＡＴＭとは New Austrian Tunneling Method（新オーストリア工法）の旧名称で、一般的にＮＡＴＭ（ナトム）と呼ばれ、オーストリアのトンネルで採用され、１９６２年に開催されたザルツブルクの国際岩盤力学会議で初めてＮＡＴＭと称して提唱されました。

　ＮＡＴＭは、掘削直後に地山に密着して吹付けコンクリートとロックボルトを施工することにより、地山の緩みを最小限に抑え、本来地山が有している支保能力を最大限に利用する工法です。つまり、トンネルを掘った後に発生する土圧を逆に利用して自らを保つ構造です（図6-8-1）。

　皆さんも子供のころ、砂場でトンネルを掘って遊んだ記憶があると思いますが、砂に適度な水分があれば内側から保持しなくてもトンネルが自立します。この原理を利用したのがＮＡＴＭです。

　ＮＡＴＭの特徴は、地山に速く吹付けコンクリートを密着させ、ロックボルトで掘削面を早期に支保することで、地山の安定性を保つことができるので、掘削時の計測により地山の挙動を迅速かつ的確に把握し、より安全で合理的な施工が可能です。地質は、硬岩から軟岩地山まで、さらには土砂、膨張性地山まで対応可能です。断面形状の変化にスムーズに対応でき、特殊断面や大断面トンネルへの適用性に優れています。

●日本が世界に誇るトンネル技術

　日本では、ＮＡＴＭを導入する前には鋼製支保工と矢板で支保する矢板工法（図6-8-2）でしたが、1970年代からＮＡＴＭが試行され、その後、ＮＡＴＭは山岳トンネル工法の主流となりました。国内導入以来、四半世紀が過ぎ、近年、施工技術の進歩や機械、材料等の開発により、都市部の土砂地山などの複雑な地質でも施工できるように様々な工夫が施され、現在、その技術水準は世界でもトップクラスです。

図 6-8-1　NATM の概念図

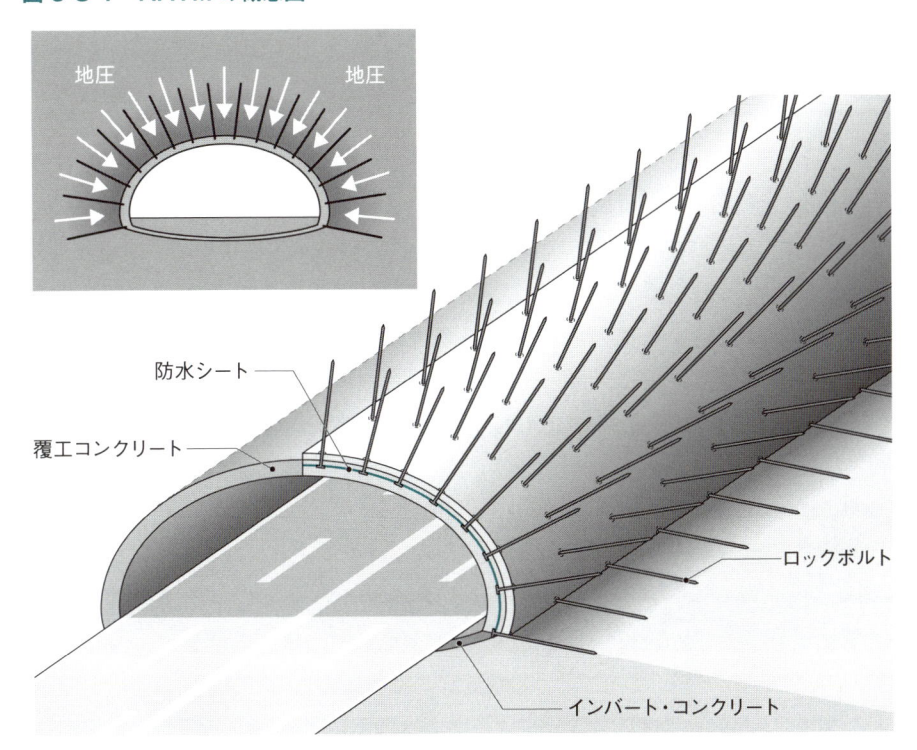

図 6-8-2　矢板工法

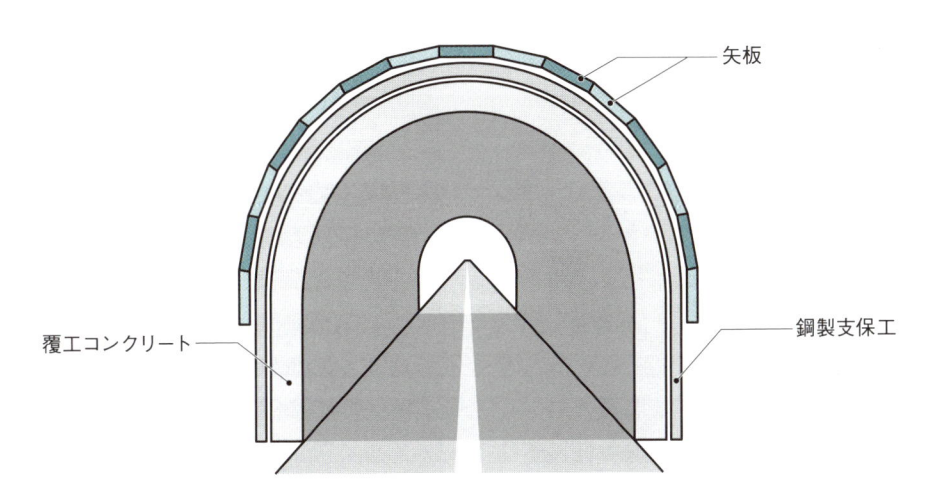

6-9 トンネルの防災対策

　トンネル内で万が一事故や火災などが発生した場合、迅速な救援・救護を行うと共に、後続車・対向車に事故の発生を知らせ、トンネル内への進入を食い止めることが被害を最小限にとどめることにつながります。このため、トンネル内には、救援・救護及び関係機関への通報に不可欠な消火器・非常電話や、事故の発生を他の車に知らせるための非常通報装置や警報表示板・坑口信号機などを各所に設置しています。トンネル内で火災に遭遇したときの防災対策として、実際に対応している高速道路トンネルを例に防災設備を紹介します。

通常時の安全設備

管制室：万一に備え、24時間体制で交通状況と各設備の状態を見守り、遠隔操作によって迅速かつ的確に各機器の制御を行っています。

トンネル照明設備：安全で快適に走れるように、見やすく明るい照明を設置しています。

テレビカメラ：約100mの間隔で設置し、常にトンネル内を見守っています。

拡声放送スピーカー：200m以下の間隔でスピーカーを設置し、ドライバーに情報を伝達します。

自動火災検知器：約25ｍ間隔で設置し、火災が発生すると自動的に検知し、いち早く管制室に伝えます。

水噴霧設備：管制室からの遠隔操作により、約50ｍの範囲に霧状の水を放水し、火災の延焼や拡大を防ぎます。

信号機・トンネル警報板：トンネルの入口やトンネル内に設置され、トンネル内の火災、事故等の情報を他のドライバーに知らせます。

立坑送排気設備：トンネル換気設備の一種で、特に、トンネル延長が長いトンネルで採用されています。火災の際にはトンネル内の煙を縦坑から排出して避難を援助します。

火災発生時、ドライバーが利用する設備

消火器・泡消火栓：消火器や簡単に扱える泡消火栓を約50ｍの間隔で設置します。

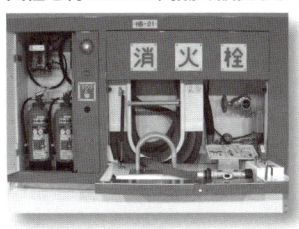

押しボタン式通報装置：約50ｍ間隔で設置され、非常時にボタンを押せば管制室に通報できます。

非常電話：約100ｍ間隔で設置され、非常時に管制室と連絡がとれます。

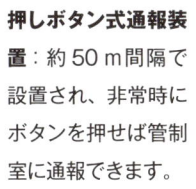

非常口：350ｍ以内に設置され、地上出口まで避難することができます。

6・トンネル

141

6-10 トンネルの維持修繕

●大きな危険性が潜む日本のトンネル

　トンネルの維持修繕は、一番内側にある覆工に対する措置をいいます。近年、山岳トンネル内の覆工コンクリート塊の剥落事故が相次いで発生しており、既設トンネルの維持管理の必要性が強く叫ばれています。特に、交通に供するトンネル内で事故が発生した場合、道路利用者に大きな影響を与えます。国内の道路トンネルの総数は6千カ所、総延長2千kmに達しています。このうちの大半は昭和に造られており、変状したトンネルを逐次維持補修していかないと、ある時期一斉に大きな社会問題となる可能性があります。トンネル維持管理調査として、まず第一にトンネル覆工の表面及び路面や坑門に現れたひび割れや剥落等の変状の観察が行われます。

●主な修繕方法

　トンネルの変状を補修・補強する方法には、いろいろな方法がありますが、主に現在採用されている方法を紹介します。トンネル内部の空間に余裕がない場合に効果的な工法は、鋼板接着による覆工の補強（図6-10-1）、炭素繊維シートやアラミド繊維シートを接着剤で貼り付ける繊維シートによる断面修復があります（図6-10-2）。裏込め注入による補強は、トンネル覆工背面に空洞が存在する場合に、空洞をセメント系材料やウレタン系材料で充填し、覆工に作用する荷重を正常な状態に戻すことを目的に実施する工法です（図6-10-3）。目地・ひび割れの補修は、開口した目地やひび割れに無機系または有機系の接着力のある材料を注入することで、覆工の一体化を確保します。近年、老朽化したトンネルのリニューアル等を目的として、トンネル改築・拡幅工法が注目されています。重交通下でのトンネルの改築・拡幅では、道路利用者への影響を極力低減するために、車を通行させながら工事をする活線拡幅が前提条件となります。

図 6-10-1
鋼板接着工法

図 6-10-2
繊維シート接着工法

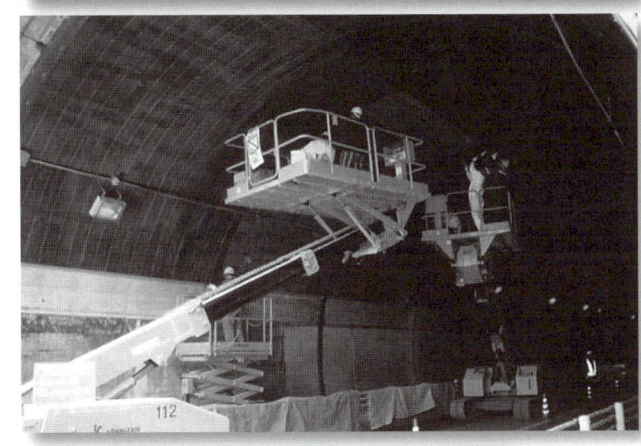

図 6-10-3
裏込め注入工

世界と日本の道路トンネル・ランキング

世界と日本のトンネルの全長を上位5位までで比べてみると、固い岩山が多いヨーロッパが世界ランキングの上位を占めていることがわかります。その中へ、2007年に世界第2位にランク・インした中国の秦嶺終南山トンネルは、上下線を分離した片側2車線通行の自動車道トンネルとしては世界最長といわれています。

順位	トンネルの名称	全長	開通年	関係国
1	ラルダールトンネル	24.510km	2000	ノルウェー
2	秦嶺終南山トンネル	18.040km	2007	中国
3	ゴッタルド道路トンネル	16.918km	1980	スイス
4	アールベルク道路トンネル	13.972km	1979	スイス オーストリア
5	北宜高速公路雪山トンネル	12.942km	2006	台湾

関越トンネルの上り線は、台湾の雪山トンネルが開通するまではアジア最長の道路トンネルでした。現在でも世界第11位の座にあります。下り線は10.926kmありますので、これを独立のトンネルと考えれば日本国内第2位、世界第12位となりますが、世界第12位は飛騨トンネルとされています。東京湾アクアラインは世界第15位、恵那山トンネルは世界第18位です。断層帯や湧水など難しい地質条件を抱える日本が健闘していることがわかります。

順位	トンネルの名称	全長	開通年	所在地
1	関越自動車道 関越トンネル上り線	11.055km	2000	群馬県 新潟県
2	東海北陸自動車道 飛騨トンネル	10.710km	2007	岐阜県
3	東京湾アクアライン	9.576km	1980	神奈川県 千葉県
4	中央自動車道 恵那山トンネル	8.646km	1979	長野県 岐阜県
5	市道生田川箕谷線 第2新神戸トンネル	7.175km	2006	兵庫県

第7章

橋

日本は川が多く、多数の島々からなる島国であり、
水面で隔てられた地域の間を橋で結ぶことは大きな課題です。
さまざまな橋の技術を学びましょう。

7-1 橋の一般的なしくみ

●橋の構成要素と寸法

　橋は大きく分けると上部構造と下部構造に分けられます（図7-1-1）。

　上部構造では様々な形式が用いられ、アーチ橋やトラス橋等において上部構造の主要な部材を総称して主構と呼びます。下部構造は橋の端部にある橋台や橋脚などの躯体部分と完全に地中に埋まっている杭基礎やケーソン基礎などの基礎部分から構成されます。杭基礎では直径1.5m程度のコンクリート製もしくは鋼菅の杭の先端を比較的硬い地層まで届かせ、橋梁を支持します。ケーソン基礎はコンクリートもしくは鋼性の箱形もしくは円形の躯体を地中に埋め込み下部工を支持します。ケーソンの躯体は大型化することが可能で、そのため杭基礎に較べて支持力を大きくとれるため、軟弱地盤や長大橋の基礎として用いられます。上部構造と下部構造を連結しているのが支承です。支承の役割は、上部構造からの荷重を下部構造に伝達し上部構造を支持することと、温度変化による上部構造の伸縮や、交通荷重による桁端部の回転などの変形を許容し無理な力が上部構造や下部構造に働かないようにします。最近では地震時の免震機能を持たせたゴム支承が多く使われています。

　橋の長さを表す寸法は、橋長、径間長、支間長が用いられます（図7-1-1）。径間長は橋脚では橋脚の中心間の距離を、橋台の場合は橋台の前面からの距離を指し、支間長は橋梁の支承間の距離を意味します。橋長はいくつかの橋が連なっている場合、橋全体の長さを表します。短い橋をいくつも連ねることは技術的には難しくありません。むしろ、支間長が大きな橋を建設することが難しく、橋梁技術発展の歴史は支間長をいかに伸ばしていったかという形でみることができます。

●床板の構造

　橋を構成するもう一つの重要な要素に床版があります。床版は車両などを直接支えるアスファルト舗装の下にあり、鉄筋コンクリート製のコンクリー

ト床版（図7-1-2）や鋼板を用いた鋼床版があります（図7-1-3）。さらに最近では、鋼とコンクリートを組み合わせた合成床版が用いられるようになってきました。床版の幅を総幅員といい、車両もしくは人が通行できる部分の幅を幅員と呼びます。これらは橋梁の幅を表す代表的な寸法で、橋長と幅員で橋梁の規模をほぼ把握することができます。

図 7-1-1　橋の構成要素と代表的な寸法の呼称

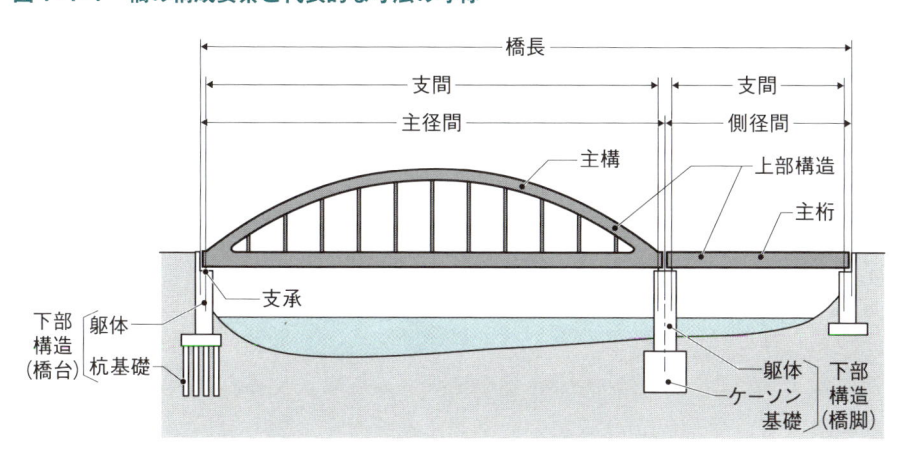

図 7-1-2　コンクリート床版

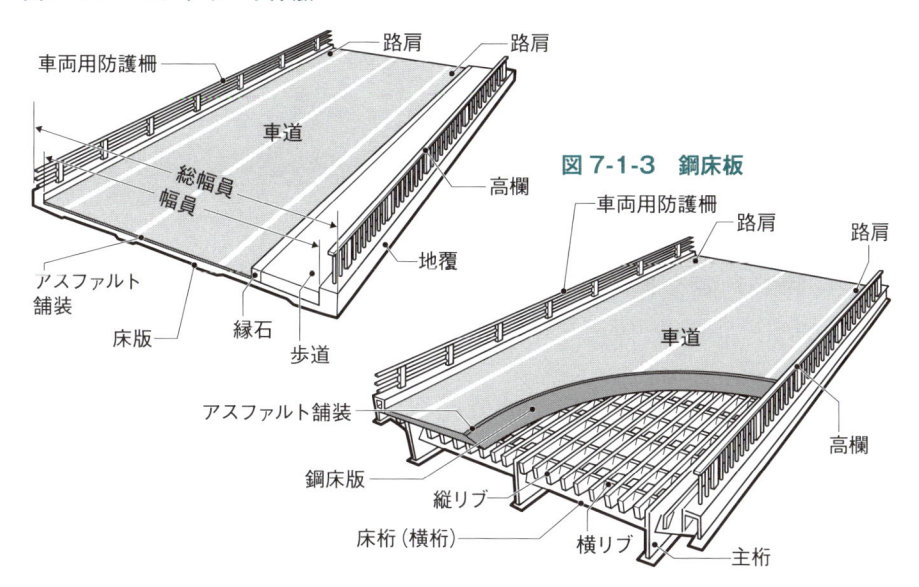

図 7-1-3　鋼床板

7-2 橋の計画と設計

●構造形式の決定とコスト

　橋の計画・設計では、橋の規模や形式の決定を目的とした基本設計が最初に行われます。基本設計では複数の設計案に対して、安全性はもちろんのこと、使用性、経済性、施工性、社会や環境への適合性等を評価します。使用性とは、車両の走行性など、使用者が橋に要求する機能をいいます。例えば鉄道橋の場合、鉄道車両が脱線しないために、レールを支える橋の変形に関して特別な配慮が必要になります。施工性では、架橋地点の立地条件を考慮し、橋の建設が安全でかつ経済的に可能であるかを評価します。社会や環境への適合性では、橋の色や形などの景観や交通による騒音・振動等の影響を検討します。このうち、実際の橋の建設で最も重要視されているのは、やはり経済性で、形式によって最も経済的に建設できる橋の規模が異なることが知られています。図7-2-1は橋の形式ごとの経済的な支間長を表します。よく見かける桁橋は80m程度までの短い支間長では経済的ですが、支間長が100mを超えると不経済になります。そのため他の形式の橋梁、例えばラーメン橋やトラス橋、アーチ橋などが用いられることになります。さらに支間長が伸びると、斜張橋や吊橋が経済的な橋梁形式となります。

　最近では、建設時の初期コストだけでなく、完成後の維持管理費も考慮したライフサイクルコストを評価して、橋の規模や形式を選定しています。

●詳細設計と安全性の検討

　橋の形式、規模（支間長）が決定した後、行われるのが詳細設計です。詳細設計では事業者が工事を発注し、橋の建設工事を実施するのに必要な設計を行います。設計では、設計荷重として、橋の自重を表す死荷重、車両や人などの交通荷重を表す活荷重、風荷重や温度や地震の影響などを考慮して設計が行われます。中小の支間長の橋梁では死荷重と活荷重によってほぼ橋の形状が決定されます。高架橋などの橋脚では、地震の影響が支配的で、設計

用の地震波に対する振動をコンピュータ・シミュレーションして設計するのが一般的になっています。吊橋や斜張橋などの長い支間の橋梁になると、これらに加えて風の影響が大きくなり、縮尺模型を用いた風洞実験が行われる場合もあります。

　さらに建設中における安全性をチェックすることも重要です。建設中には橋の構造特性が変化する場合があります。図7-2-2は建設中の斜張橋の写真ですが、この橋の場合、建設中は桁をケーブルで吊って桁を張り出していくため、非常に不安定な状態になります。このような場合、建設中の全ての段階で安全性が検討されます。

図7-2-1　橋の構造形式と経済的な支間長

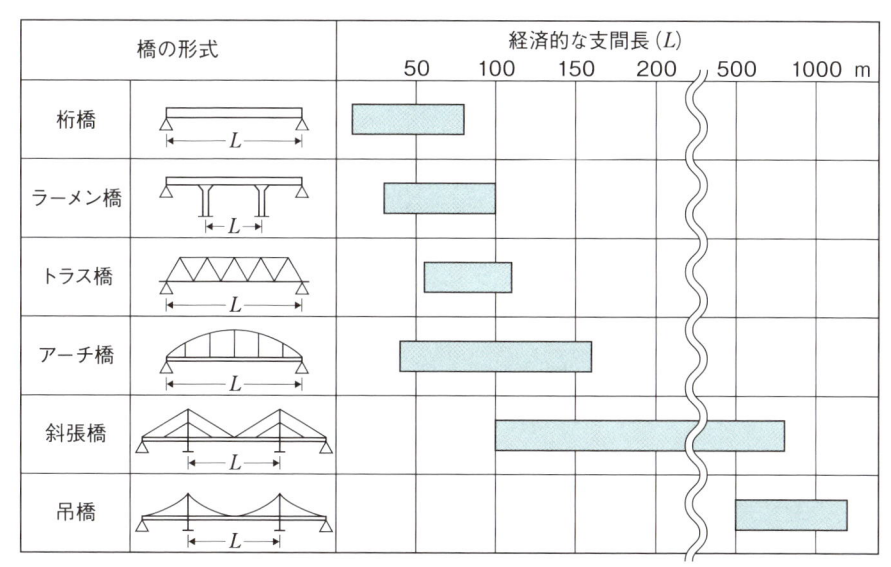

橋の形式	経済的な支間長(L)
桁橋	約50〜100 m
ラーメン橋	約30〜100 m
トラス橋	約50〜150 m
アーチ橋	約50〜200 m
斜張橋	約150〜700 m
吊橋	約500〜1000 m

図7-2-2
建設中の斜張橋
日本 - エジプト友好橋

7-3 橋に使われる材料

●橋の2大材料

　橋で使われる2大材料は、鋼とコンクリートです。鋼とは0.035から1.7％の炭素を含む鉄の総称で、炭素を入れることで強度を高くすることができますが、あまり入れすぎると、もろくなります。強度とはその材料が単位面積あたり受け持つことのできる力を表します。図7-3-1は断面積1cm²、長さ10cmの鋼棒に力を作用させた時の力と伸びの関係を表します。この図のピーク時の力を面積で割った46kN/cm²がこの鋼材の強度となります。鋼はコンクリートに較べて高価ですが、自重あたりの強度が高く、支間の長い橋に多く使われています。これは、支間が大きくなると橋は交通荷重などに較べて自分自身の重さが大きくなるため、少しでも軽く高強度の材料が選択されるためです。現在では様々な鋼の種類があり、錆びにくくした耐候性鋼材や非常に強度の高い高張力鋼、橋梁向けに特別に開発したSBHS（橋梁用高降伏点鋼板）などが実用化されています。これらは高性能鋼（high performance steel）と呼ばれ、製鉄の過程で錆の進行を遅らせるための特別な元素（クロムやニッケルなど）を添加したり、鋼板の製造時に温度や圧力を制御する熱加工制御技術を用いたりして作られています。

　コンクリートはセメント、砂、砂利、水、混和剤を配合して固めたものです。現在使われているセメントはポルトランド・セメントと呼ばれ、19世紀の初めにイギリスで発明されました。それ以降、コンクリートは高強度化や、打設時の作業性の改善など多くの改良が行われ、現在に至っています。図7-3-1には断面積1cm²、長さ10cmのコンクリート製の棒に力を作用させた時の力と伸び（もしくは縮み）の関係です。コンクリートの引張り強度は圧縮時の10分の1程度です。またコンクリートの圧縮強度は鋼材の引っ張り強度の10分の1程度です。固まる以前にコンクリートに混ぜる混和剤は、コンクリートの性質を改善するために添加される薬剤の総称で、これを用いることで作業性の改善や硬化後の収縮によるひび割れを抑制するなどの効果

があります。現在では、高強度化を狙った高強度コンクリートや、軽量化をめざした軽量コンクリート、複雑な形状の型枠にでも流し込める高流動コンクリートなどが開発されています。

図 7-3-1　鋼とコンクリートにおける力と伸びの関係

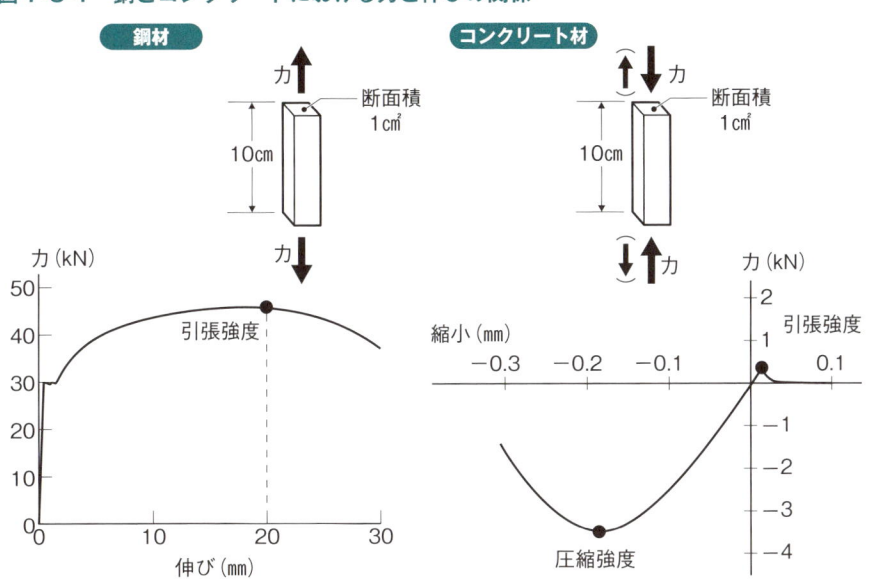

●その他の橋の材料

　鋼とコンクリート以外に橋に使われる材料としては、石、木、FRP（繊維補強樹脂）などがあります。石橋では江戸時代後期に建造された九州のアーチ橋で通潤橋などが有名ですが、現在では石橋はほとんど建設されていません。最近、数は少ないですが近代的な木橋が建設されるようになり、支間30 mを超える道路橋も建設されています。FRP橋は軽く、錆びないなどの特性があるため、沖縄の歩道橋で用いられた例があります。（図7-3-2）

図 7-3-2　FRP橋（伊計 - 平良川ロードパーク橋）

7-4 構造的に見る橋〜桁橋〜

●桁橋の原理

　桁橋は最も古くからある橋の構造で、板や丸太を渡した単純なものも桁橋と見なせます。力を支えるメカニズムは、交通荷重や自重によって力が作用すると、桁の内部で曲げモーメント（桁を曲げようとする回転力）とせん断力（桁をひし形に変形しようとする逆向きの2つの力）が発生し、荷重に抵抗するというものです（図7-4-1）。

●桁橋の構造

　桁橋には鋼製のものとコンクリート製のものがありますが、例として鋼製の桁橋の構造を図7-4-2に示します。この図では、構造を見せるために、鋼桁の上部にある床版（路面）を取り除いています。この例の構造では3本の主桁があり、主桁は、上フランジ、腹板、下フランジの3枚の鋼板から構成され、アルファベットのIの字形の断面をしています。I字の形状は上下のフランジで曲げモーメントに抵抗し、腹板でせん断力に抵抗するため、少ない材料で荷重に抵抗できる力学的に効率の良い形状となっています。主桁同士は荷重分配横桁、対傾構、端対傾構、横構などによって結合されています。さらに、水平補剛材や垂直補剛材といった板が腹板に溶接されていて、少ない材料で大きな荷重に耐えられるように工夫されています。これ以外にも鋼板で四角い形状を作り桁橋とした箱桁橋があります。I桁も箱桁も鋼板で作られているため、これらを総称して鈑桁と呼ばれます。

　コンクリート製の桁橋では床版と桁が一体化したスラブ橋やTの字の断面形状をしたT桁橋、箱桁橋などがあります。1990年の半ば以降、横構を省略し対傾構もシンプルな構造にし、コンクリート床版と鋼桁を一体化した合成桁が多く建設されるようになりました。部材数を少なくし、コストの削減を狙った構造で、2本の鋼I桁が典型的な構造です（図7-4-3）。

図 7-4-1　桁橋のメカニズム

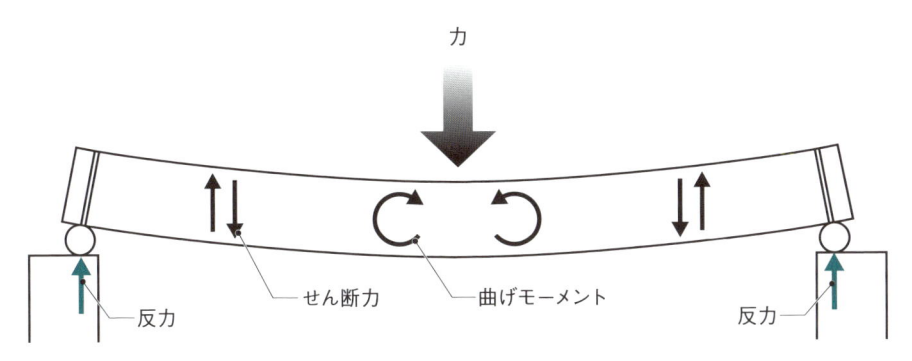

図 7-4-2　桁橋（板桁）の構造模式図

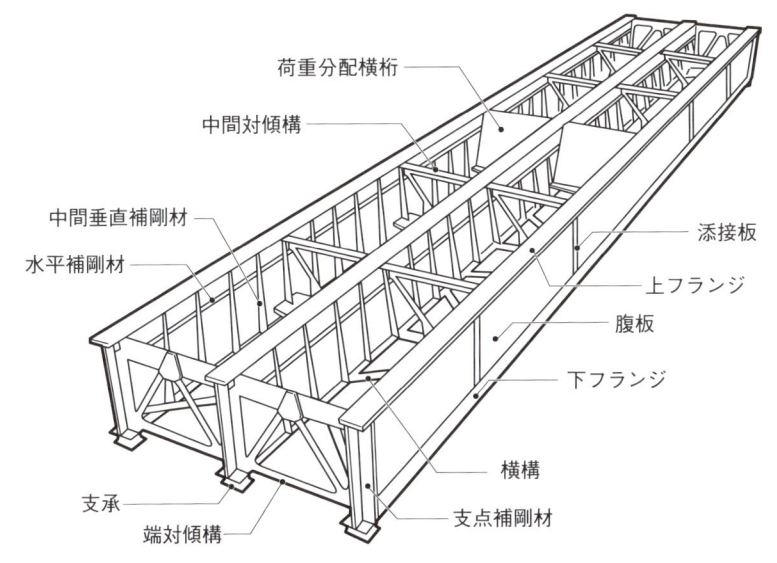

図 7-4-3
奥津内川橋：
合理化 2 主桁橋梁

7-5 構造別に見る橋〜トラス橋〜

●トラス橋の原理

トラス橋は細長い部材を組み合わせて3角形のユニットを形成し、これをさらに組み合わせることで橋を構成します。各々の部材には部材の軸方向に圧縮力か引張り力が作用します（図7-5-1）。

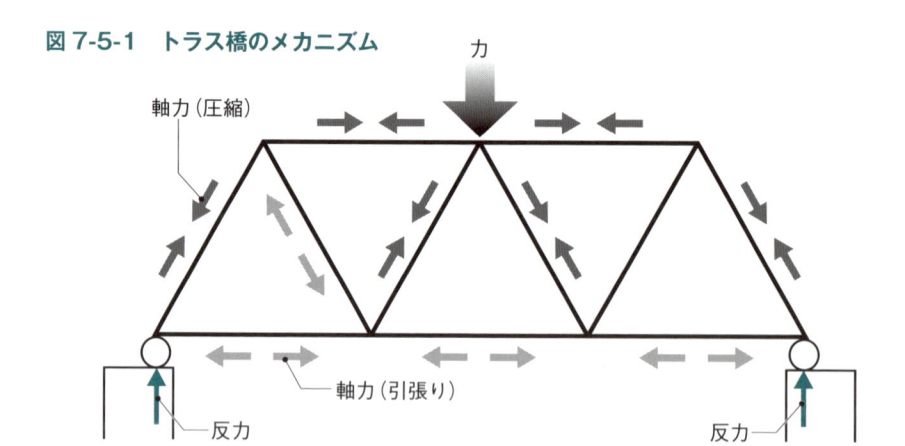

図7-5-1　トラス橋のメカニズム

●トラス橋の種類と構造

トラス橋の種類は、部材の組み方により、図7-5-2に示すように様々な形式がありますが、現在では経済的なワーレントラスが主流になっています。

路面がトラス構造の上に有る場合を上路橋、下にある場合を下路橋と呼び区別しますが、下路橋の場合の構造模式図を図7-5-3に示します。実際の橋梁では床桁と縦桁の上には床版がありますが、この図では構造がよく見えるように床版を取り外して書いてあります。床版に作用した交通荷重は縦桁から床桁（ゆかげた）を介して、下弦材（かげんざい）の格点（かくてん）に伝わります。ここで格点とは下弦材や斜材が結合されている点を表します。下弦材と上弦材（じょうげんざい）、斜材（しゃざい）によってトラスの主構が形成されます。橋の端部の斜材は特別に端柱（たんちゅう）とよばれ、これに伝わる圧

縮力は支承を介して下部構造に伝達されます。上横構、下横構、支材は地震や風によって生じる橋軸直角方向の力に抵抗する働きがあります。下横構を伝わる橋軸直角方向の力は直接、支承を介して下部工に伝達されます。一方、上横構を伝わってきた橋軸直角方向の力は、橋門構を介して端柱に伝達され、支承、下部工へと伝達されます。そのため、橋門構は橋軸直角方向の荷重に対して、トラス橋の断面形状を保持する働きがあります。

　現在のトラス橋は部材と部材が結合される格点ではガセットと呼ばれる板によって部材が結合されていますが、古い橋においてはピンで結合されていました。これは、部材を曲げる力が作用しないようにするためのものです。トラス橋は使用する材料が少ない割に橋の変形を小さく抑えることができます。そのため、列車走行のため変形を小さく抑えなければならない鉄道橋にも多く用いられています。

図7-5-2　トラス橋の種類

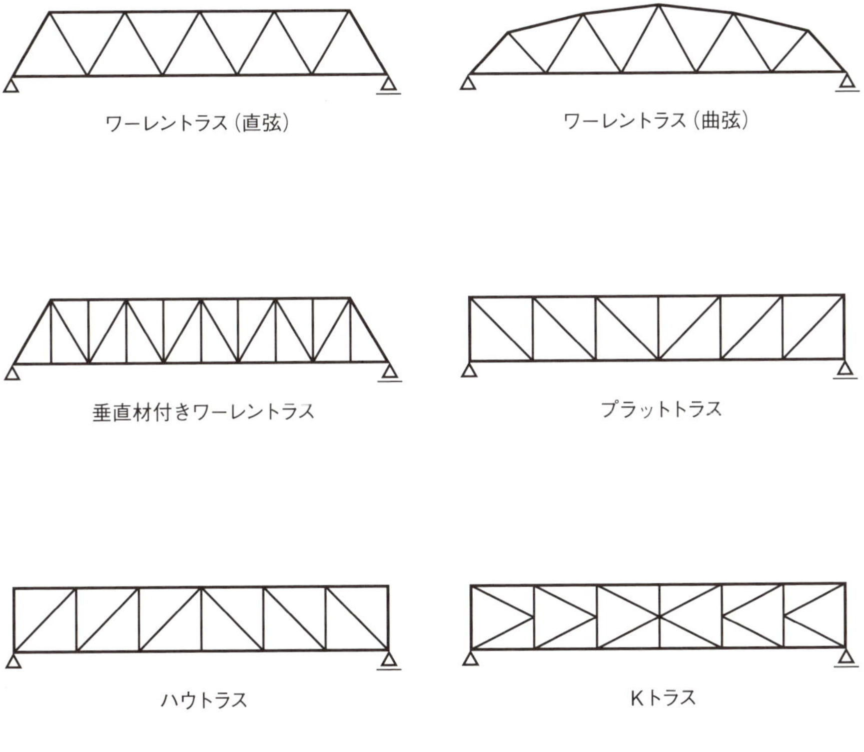

ワーレントラス（直弦）　　　　　ワーレントラス（曲弦）

垂直材付きワーレントラス　　　　プラットトラス

ハウトラス　　　　　　　　　　　Kトラス

図 7-5-3　トラス橋の構造模式図

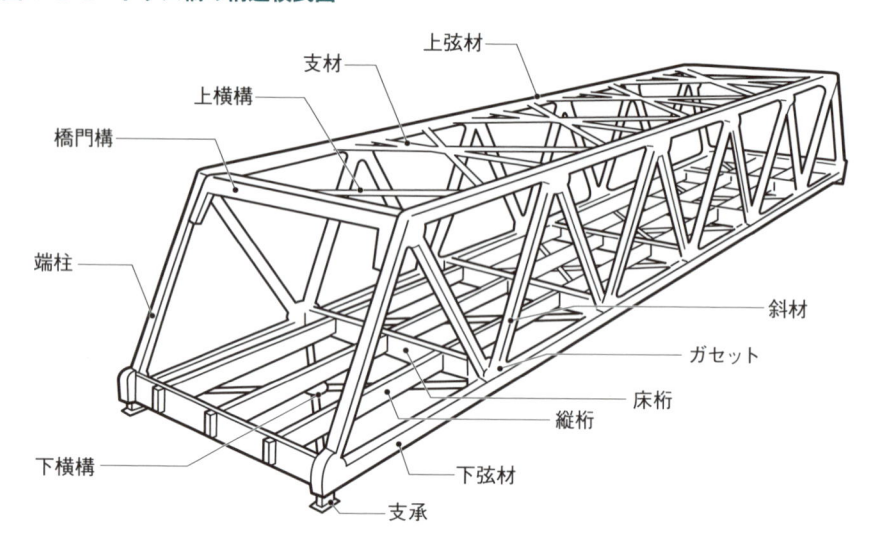

●トラス橋の材料

トラス橋に使用される材料は、いままでは鋼でできたものがほとんどでしたが、最近では斜材に鋼部材、上下弦材にコンクリートを用いた複合トラス橋が建設されています。図 7-5-4 のトラス橋においても、鋼の床桁がコンクリートで一体化された構造が用いられています。

図 7-5-4　鴨川橋梁

7-6 構造別に見る橋～アーチ橋～

●アーチ橋の原理

　上に凸な曲線の部材（アーチ部材）で鉛直荷重を受け持つ構造をアーチ構造と呼びます。アーチ橋はこのアーチ部材を用いた橋で、古くはローマ時代から石積みのアーチ橋が建設され現在まで残っています。アーチ部材では、鉛直方向の荷重が作用すると軸力（アーチ部材の軸方向の力）と曲げモーメント（曲げようとする回転力）とせん断力（ひし形に変形しようとする逆向きの2つの力）が作用します（図7-6-1）。アーチ部材では、軸力に較べて曲げモーメントとせん断力を小さくすることができます。そのためアーチ橋は、桁橋に較べて支間を長くすることができます。実際の道路橋では、アーチ部材上を車が通行するのは難しいため床版を保持する補剛桁とアーチ部材を組み合わせた補剛アーチ橋が用いられます。

図 7-6-1　アーチ橋のメカニズム

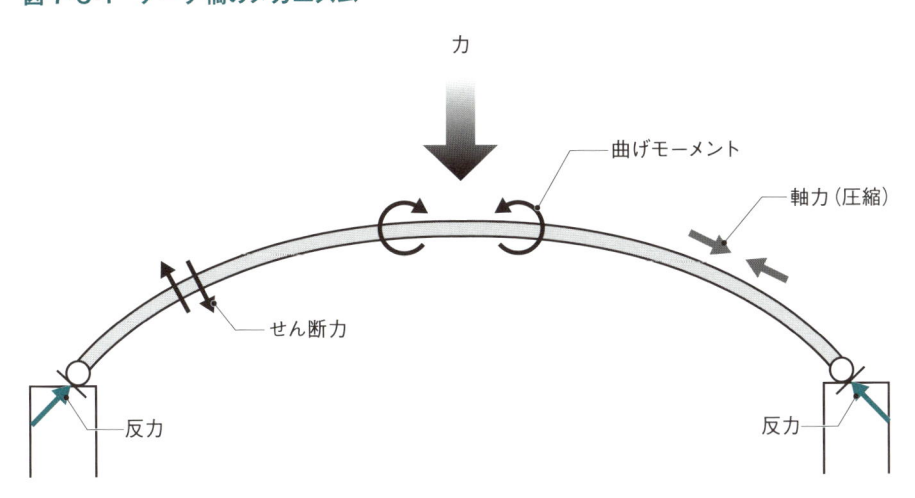

●アーチ橋の種類と構造

　アーチ橋のバリエーションは多いのですが、ランガー橋、ローゼ橋、ニールセン・ローゼ橋に大別されます（図7-6-2）。ランガー橋はアーチ部材を細くして、軸力のみが作用するように設計したものです。一方、ローゼ橋はアーチ部材、補剛桁とも軸力と曲げモーメントを受け持つ部材として設計した橋を指します。ニールセン・ローゼ橋はローゼ橋の一種ですが、アーチ部材と補剛桁を斜めに張ったケーブルで結んだ橋です。

　図7-6-3は下路タイプの補剛アーチ橋の模式図を示しています。実際には縦桁や床桁の上に路面を支える床版がありますが、見やすくするため省いて絵を描いています。上弦材がアーチ部材になっており、下弦材が補剛桁で両者は吊材で結ばれています。縦桁、床桁、横構等の構造はトラス橋の場合（7-5節参照）とほぼ同様で、部材の役割も同じです。

図7-6-2　アーチ橋の種類（下路橋形式の場合）

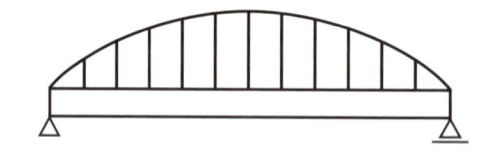

ランガー橋

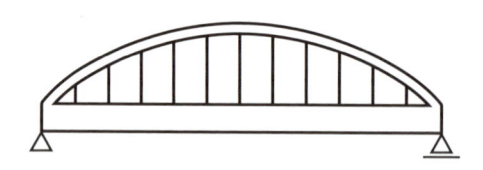

ローゼ橋

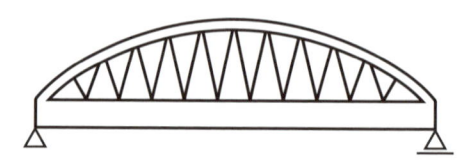

ニールセン・ローゼ橋

図 7-6-3　アーチ橋の構造模式図

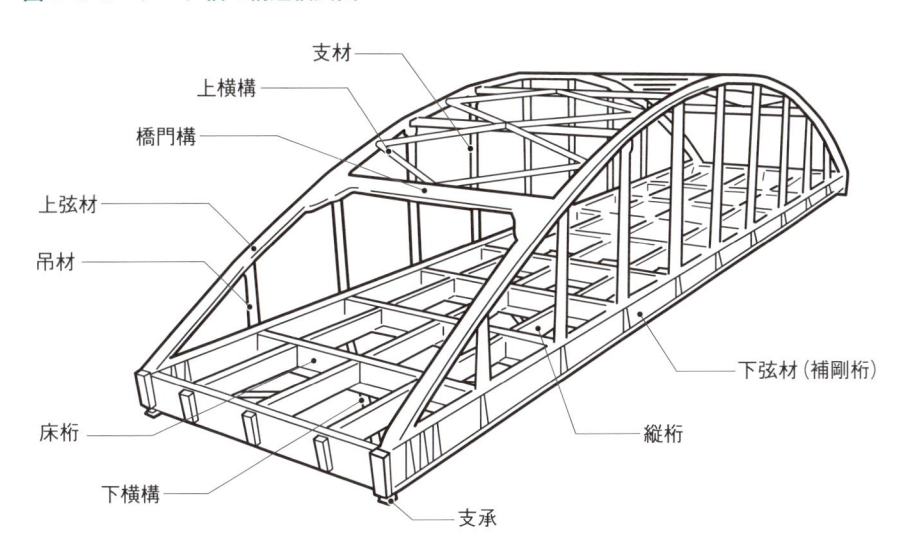

●アーチ橋の材料

　鋼製のアーチ橋、コンクリートのアーチ橋共に多く作られていますが、支間が大きくなると鋼製になります。最近では鋼とコンクリートを組み合わせた複合アーチ橋が建設されています。図 7-6-4 は上路タイプのローゼ橋（逆ローゼ橋とも呼ぶ）で、アーチ部材はコンクリート、補剛桁は鋼とコンクリートの合成桁で作られています。

図 7-6-4　第 2 東名高速道路富士川橋

7-7 構造別に見る橋 〜ラーメン橋〜

●ラーメン橋の原理

　橋桁と橋脚などの部材を結合し一体化した構造をラーメン構造と呼びます。ラーメンは独語の rahmen（フレームの意）に由来するものです。このラーメン構造を主構に用いたのがラーメン橋です。

　ラーメン橋では軸力、曲げモーメント、せん断力が作用します（図7-7-1）。通常の桁橋だと橋脚と桁の間に支承が取り付けられ、これによって回転や伸縮が吸収されるため、桁の曲げモーメントは脚には伝達しません。しかし、ラーメン橋では桁の曲げモーメントは脚に伝わり、逆に脚で生じた軸力が桁にも伝わります。ラーメン橋ではこのように荷重に対して桁と脚が一体化して抵抗するため、荷重による変形が小さく、地震による荷重を分散できるため耐震性に優れた橋を建設できます。また、支承を省略することでコストが抑えられるといった経済面でのメリットもあります。

図 7-7-1　ラーメン橋のメカニズム

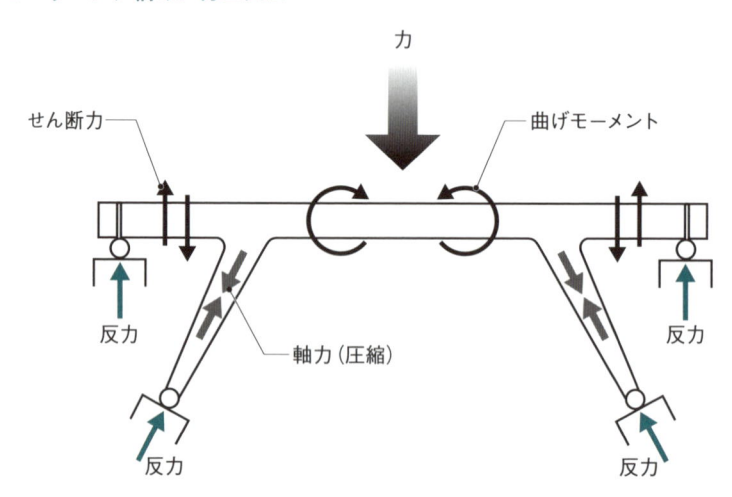

●ラーメン橋の種類と構造

　ラーメン橋には様々なバリエーションがあります（図 7-7-2）。門形ラーメン橋は、橋桁と橋台を一体化した小規模な橋梁で用いられます。方杖ラーメン橋は、その形状から、π 形ラーメン橋とも呼ばれます。連続ラーメン橋は山間部の高速道路などでよく用いられる橋梁形式です。トラス橋に似たフィーレンディール橋もちょっと意外かもしれませんが、ラーメン橋に分類されます。

図 7-7-2　ラーメン橋の種類

門形ラーメン橋

方杖ラーメン橋

連続ラーメン橋

フィーレンディール橋

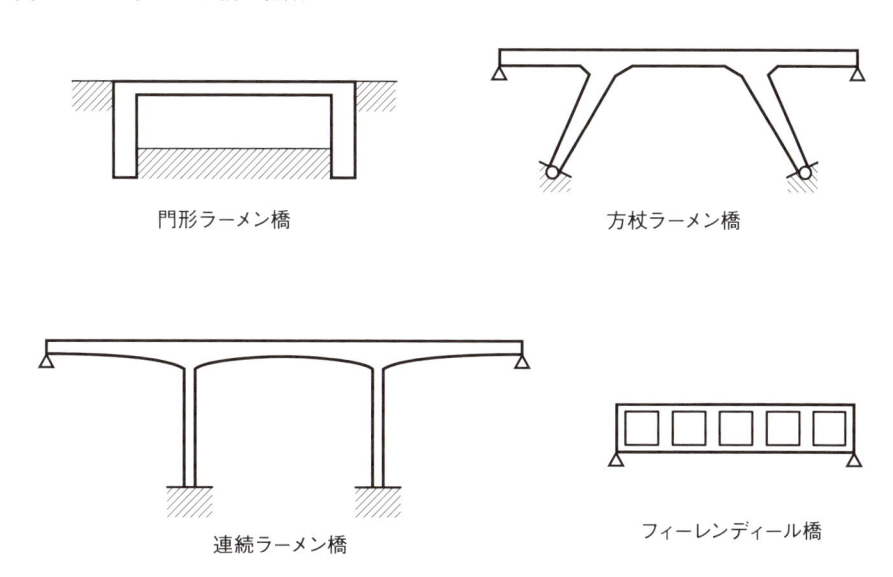

　図 7-7-3 は鋼製の方杖ラーメン橋の構造模式図を表します。主桁の上には実際には床版がありますが、構造を見やすくするため取り除いて絵を描いています。主桁はI形の桁で、隅角部でラーメン脚と結合されています。主桁が 3 本あるように見えますが、真ん中の桁はラーメン脚と直接結合されていないため、主構ではなく、縦桁で、床版を支えるのが目的です。床版に作用した車両などの荷重は縦桁もしくは主桁で受け止め、縦桁に作用した荷重は横桁を介して、主桁に伝達されます。横構や対傾構は橋軸直角方向の荷重を支承に伝達する働きがあります。

図 7-7-3　ラーメン橋の構造模式図（方杖ラーメン橋）

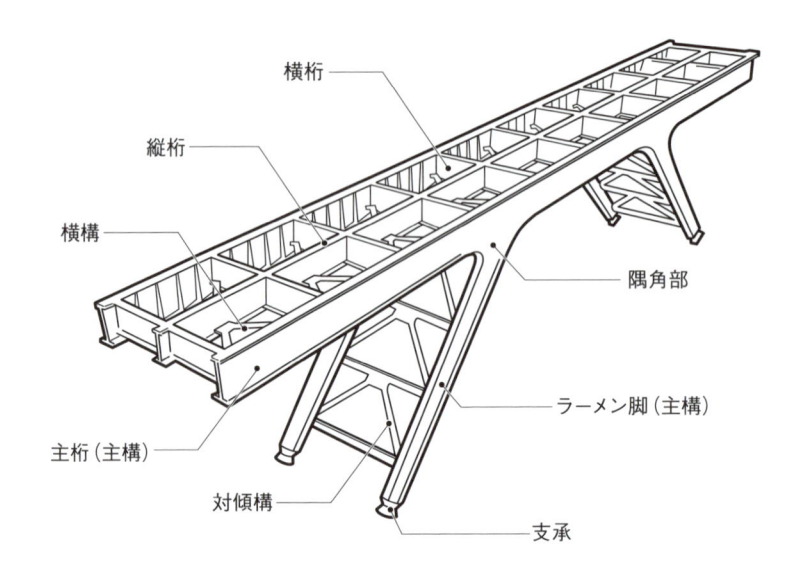

　山間部の高速道路などでは橋脚と橋桁を一体化したコンクリートラーメン橋が多く建設されています。図7-7-4はそのようなラーメン橋の一例です。この橋では、桁を全てコンクリートで製作するのではなく、主桁の腹板を波形の鋼板にすることで軽量化を図っています。

図 7-7-4　コンクリートラーメン橋

7-8 構造別に見る橋〜斜張橋〜

●斜張橋の原理

　斜張橋は桁、塔、ケーブルから構成されています。力を支えるメカニズムは、図7-8-1に示すように、桁に作用した鉛直荷重が、斜めに張ったケーブルを介して塔に伝わります。したがって、桁と塔には圧縮力が作用し、ケーブルには引張り力（張力）が作用します。桁にはこの圧縮軸力以外にも曲げモーメントとせん断力が発生し、荷重に抵抗します。ケーブルの長さを調節することで、桁を引き上げる力も調節できるため、自重のみが作用する状態では、桁や塔の曲げモーメントを小さくすることができます。そのため、長い支間の橋においても経済的に橋を建設することができます。

図7-8-1 斜張橋のメカニズム

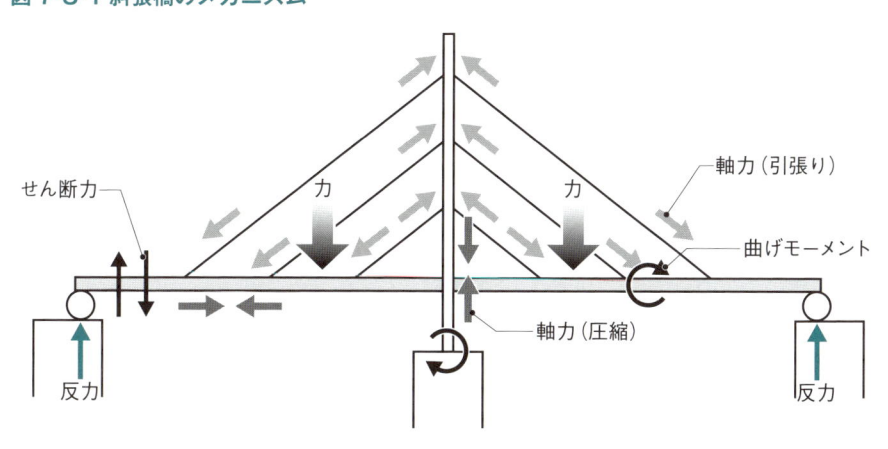

●斜張橋の種類と構造

　斜張橋にもいくつかの形式があり、図7-8-2は側面からみたケーブルの張り方で、ラジアルタイプ、ファンタイプ、ハープタイプに分類できます。ラジアルタイプは塔の1点からケーブルを放射状に配置しているものです。一方、ハープタイプはケーブルが平行に張られているものです。ファンタイプは両者の中間的なケーブル配置で、多くの斜張橋がこのタイプのケーブル配置を採用しています（図7-8-3）。

　斜張橋にも鋼製のものとコンクリート製のものがありますが、鋼製の斜張橋の構造模式図を図7-8-4に示します。斜張橋では桁の断面形状として扁平な逆台形が採用される場合が多くあります。これは、斜張橋のように長い支間の橋になると、非常に変形しやすい柔らかい構造となるため、風による桁の振動を防ぐ目的で、風に対して安定な形状が選ばれるためです。

　桁と塔の使用材料としては、鋼材またはコンクリートが用いられます。またこれらを組み合わせて、コンクリートの塔と鋼桁からなる複合斜張橋や、桁に鋼とコンクリートを組み合わせた合成桁を用いた合成斜張橋もあります。

図 7-8-2　斜張橋の種類

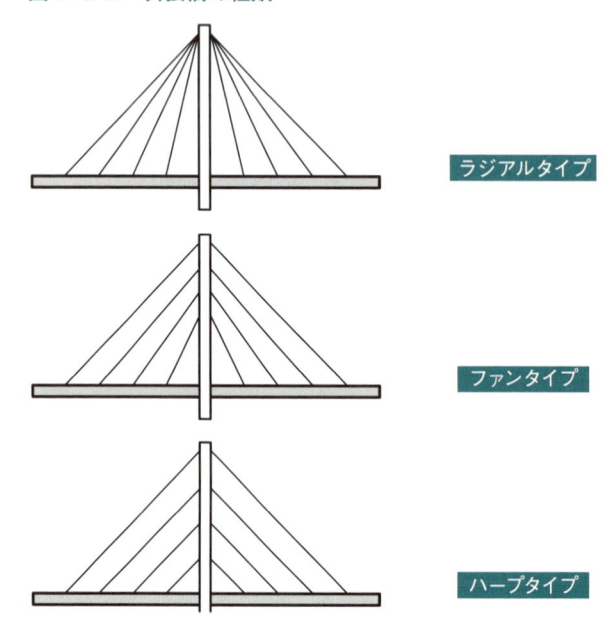

最近のケーブルは高強度のピアノ線でできた直径6または7mmの素線を何本も束ねることで作られています。素線は錆を防ぐために、亜鉛メッキされるか、あるいは素線のままで使用される場合でも、全体をポリエチレン等のチューブで覆われています。ケーブルを桁や塔に取り付ける部分を定着部と呼び、力を伝達するための特別な構造が用いられています。

　2007年までは世界最長支間の斜張橋は多々良大橋（支間890m）でしたが、現在は中国の蘇通大橋で支間は1088mです。

図 7-8-3
ファンタイプの例：
大島大橋（長崎県）

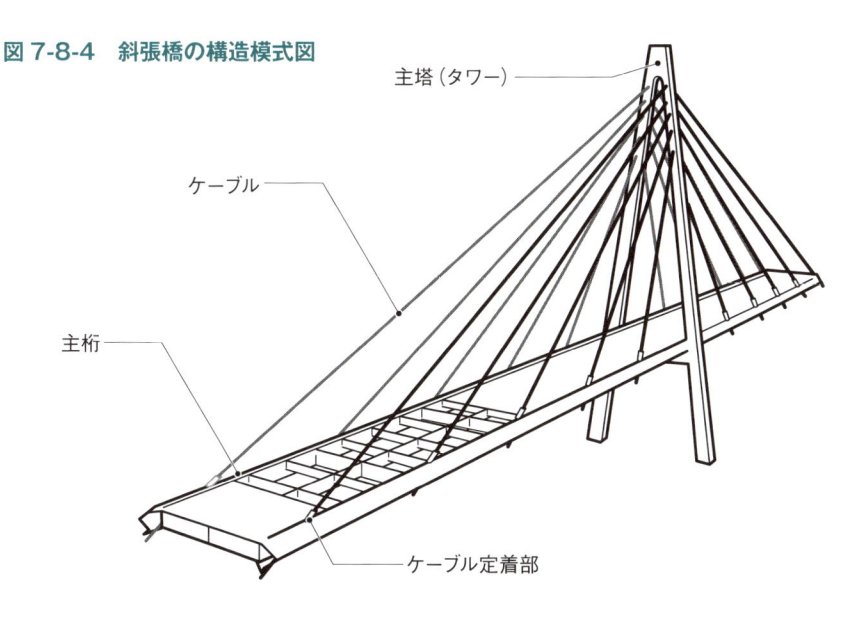

図 7-8-4　斜張橋の構造模式図

7-9 構造別に見る橋〜吊橋〜

●吊橋の原理と構造

　吊橋は、補剛桁、塔、主ケーブル、ハンガー、アンカレッジで構成されています（図7-9-1）。

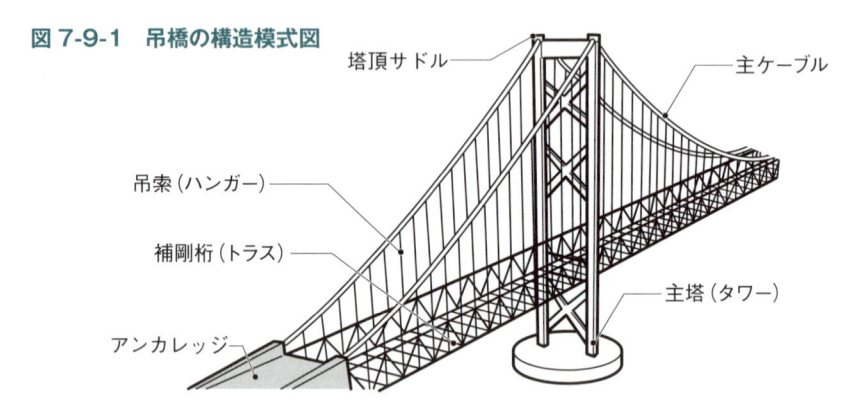

図7-9-1　吊橋の構造模式図

（図中ラベル：塔頂サドル、主ケーブル、吊索（ハンガー）、補剛桁（トラス）、主塔（タワー）、アンカレッジ）

　自動車などの交通荷重は、まず補剛桁に作用します（図7-9-2）。補剛桁では、通常の桁橋と同様に、曲げモーメントとせん断力が発生し、荷重に抵抗します。しかし、これだけでは桁橋と同じで、あまり支間を長くすることはできません。そのため、吊橋では補剛桁をハンガーで鉛直方向に吊ることによって、支間を伸ばしています。このハンガーは主ケーブルと連結されていて、主桁に作用した荷重は、ハンガーを介して主ケーブルに伝わります。主ケーブルでは、ケーブルの軸線に沿って引張り力が発生し、荷重に抵抗します。主ケーブルに作用した引張り力は、最終的には塔とアンカレッジに流れます。そのため、塔は塔頂で鉛直下向きの力を受け、圧縮力が発生します。アンカレッジはその重みで主ケーブルからの張力に抵抗します。

　図7-9-1では、補剛桁としてトラス構造（7-5節参照）を用いた例が描かれていますが、斜張橋と同様に逆台形の断面もつ桁構造が用いられることもあります。通常、補剛桁は軽量にするため鋼材が用いられますが、短い支間の

吊橋に限られますがコンクリート製のものもあります。塔は圧縮力が支配的であるため、コンクリート製のものが海外では多く建設されていますが、日本では耐震性を向上させるため、鋼製の塔が多く用いられています。

図7-9-2　吊橋のメカニズム

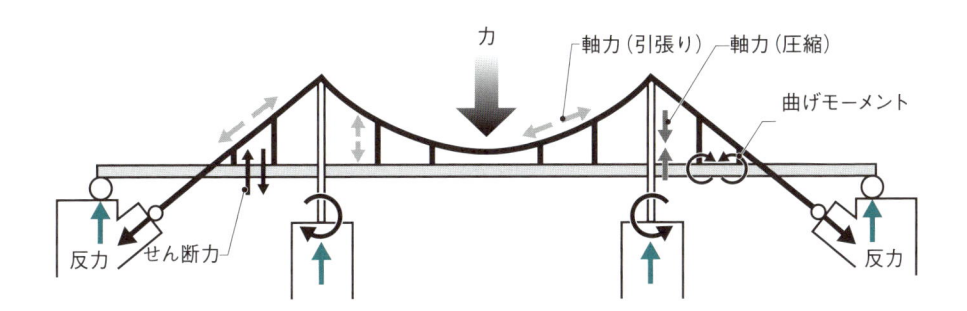

●主ケーブルの構造

　主ケーブルは、亜鉛メッキされた高強度のピアノ線からできた直径5mmの素線が用いられます。この素線を束ねて、吊橋の主ケーブルとします。ちなみに、明石海峡大橋（図7-9-3）では、ケーブル1本あたり36830本の素線が使用され、ケーブルの直径は約1.12mになっています。明石海峡大橋で用いられている素線の強度は断面積$1mm^2$あたり1760N（ニュートン：力の単位）で、通常の鋼材の約4倍の強度に達します。現在、支間最長の橋は明石海峡大橋で、支間は1991mですが、これを超える吊橋の計画も中国やイタリアで進んでいて、いずれは抜かれる運命にあります。

図7-9-3
明石海峡大橋

7-10 橋の防災対策

●落橋防止システム

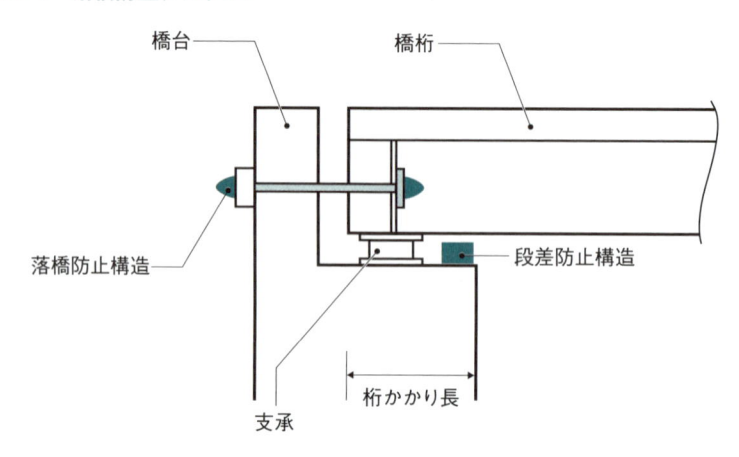

　落橋防止システムとは地震時において、桁などの上部構造が橋脚や橋台から落下するのを防ぐための構造、装置を指します。このようなシステムは1964年の新潟地震において多くの桁橋が橋脚から落下したことを教訓に考案されました。落橋防止システムは桁かかり長、落橋防止構造、変位制限構造および段差防止構造などから構成されます。

　桁かかり長は図7-10-1に図示している長さで、桁が地震によって移動しても橋台や橋脚の頂部から逸脱するのを防ぐために必要な長さが規定されています。落橋防止構造は、ケーブル等を用いて、隣接する桁同士、もしくは桁と橋台を連結し、桁が下部構造の頂部からずれても完全に落橋するのを防ぎます（図7-10-2）。変位制限構造は支承と協働して地震による桁の動きを抑制する構造で、段差防止構造は支承が損傷した場合でも路面の段差を少なくし、緊急車両等の通行を可能にするためのものです。

　このような落橋防止システムによって、想定外の地震に見舞われた場合でも落橋させないように設計されています。

図7-10-1　落橋防止システム

図 7-10-2　落橋防止構造が機能すれば桁は落ちない

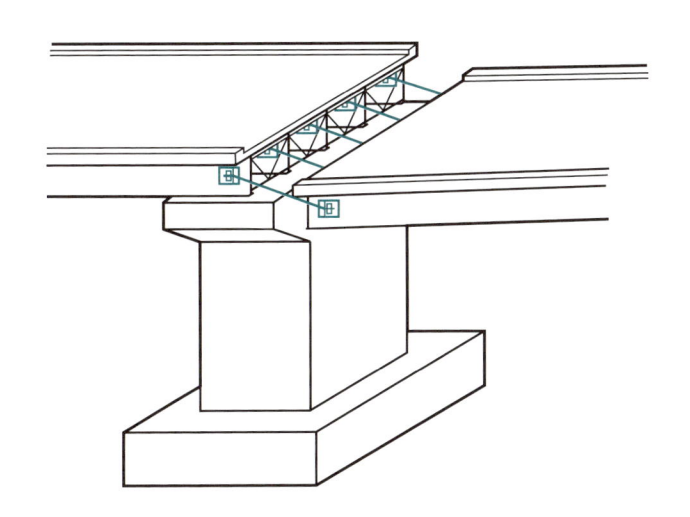

●制震対策

　最近の橋梁では耐震性を向上させるために様々な制震対策が施されています。大別すると支承に制震効果をもたせたものと、支承以外に制震ダンパーを設置している場合があります。

　支承に制震効果を持たせたものは免震支承と呼ばれ、積層ゴム支承や、金属系のすべり支承があります。

　積層ゴム支承ではゴムと金属板を相互に重ね合わせて一体化することで、鉛直方向には硬く、水平方向には柔らかい支承ができます（図 7-10-3）。水平方向に柔らかくすることで、地震力を低減できます（免震効果）。さらに、ゴム自身に減衰効果を持たせたものが高減衰ゴム支承で、円筒状の鉛（プラグ）をゴム支承の内部に挿入し鉛の変形で減衰効果を引き出すのが鉛プラグ入りゴム支承です（図 7-10-4）。

　すべり支承はテフロン加工した金属板を用いることで、ある一定以上の地震力が作用すると支承の上下ですべり出し、地震力の低減を狙ったものです。

　制震ダンパーは桁と橋台の間や、アーチ橋などの対傾構の斜材として用いられます（図 7-10-5）。粘性材料や金属の変形による減衰効果で地震エネルギを吸収し振動を抑制します。

図 7-10-3　積層ゴム支承の変形

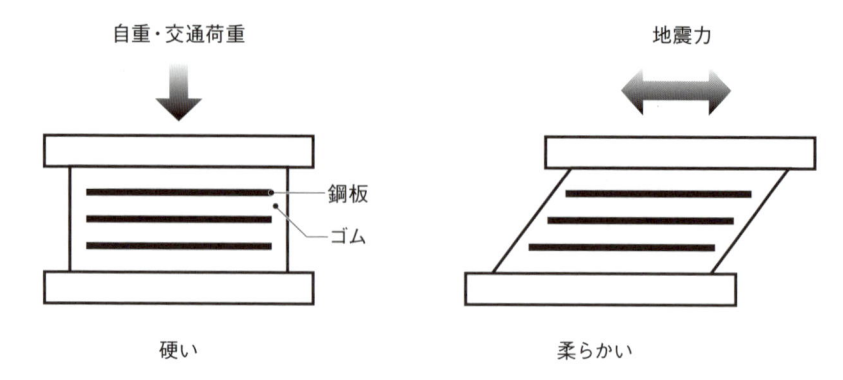

自重・交通荷重　　　　　　　　　　地震力

鋼板
ゴム

硬い　　　　　　　　　　　　　　柔らかい

図 7-10-4　鉛プラグ入りゴム支承

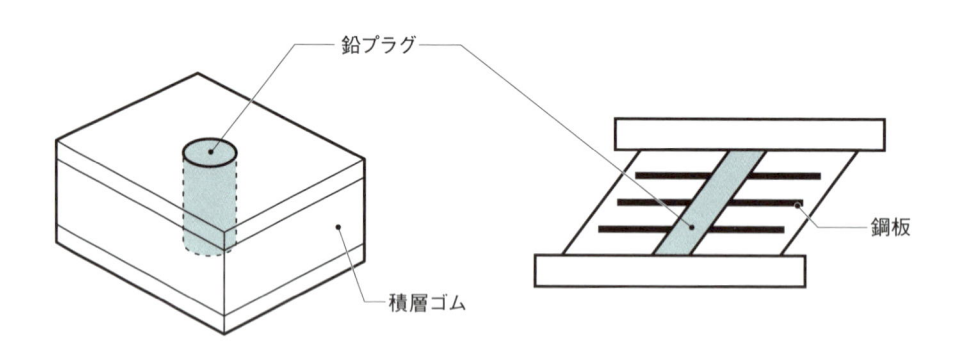

鉛プラグ
積層ゴム
鋼板

図 7-10-5　桁と橋台間に設置された制震ダンパー

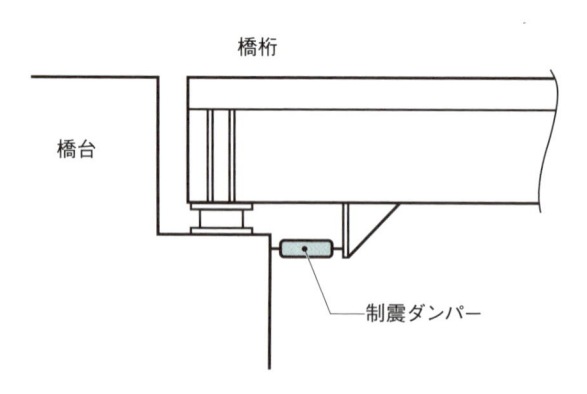

橋桁
橋台
制震ダンパー

●耐風対策

　風による振動を低減する対策を耐風対策と呼びます。耐風対策には桁や塔の形状を変更して、風によって振動を起こしにくくする空力学的対策と制振装置を用いる機械的対策があります。

　空力学的対策としてはフェアリングと呼ばれる風防やフラップと呼ばれる板を桁に取り付け、風の流れを制御することが行われます（図7-10-6）。

　機械的な対策としてはダンパーや動吸振器、アクティブ制振装置などがあります。

　ダンパーは斜張橋のケーブルの制振対策としてよく使われます。動吸振器は制振対象の振動数とほぼ同じ振動数を持つ新たな振動系（動吸振器）を制振対象の構造物に取り付ける方法です。制振対象の振動が始まると共振現象によって動吸振器も振動を初め、動吸振器がエネルギ消費することで振動を止めます。明石海峡大橋の主塔などで用いています。

　アクティブ制振装置はセンサーによって構造物の振動を関知し、モーターや油圧装置によって外力を作用させたり、重りを動かすことで慣性力を発生させたりして構造物の振動を抑制する方法です。レインボーブリッジの塔の架設時の制振対策として用いられました。

図 7-10-6　逆台形箱桁に設置されたフェアリング

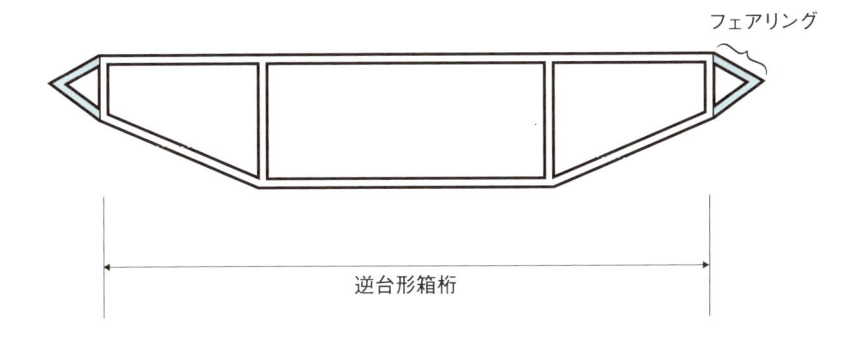

7-11 橋における維持修繕

●鋼橋の補修・補強

　鋼橋の主な損傷要因は腐食と疲労損傷です。腐食に対する対策（防錆対策）として最も一般的なものは塗装です。しかし塗装は紫外線等により劣化するため塗り替え作業が必要です。通常の環境で一般的な橋の場合、ほぼ8年に1度塗り替えが必要だといわれています。しかし、実際には8年に一度の塗り替えが行われていない鋼橋が多数あります（図7-11-1）。塗装以外の防錆方法で建設後に施工可能な方法として、金属溶射があります。金属溶射は亜鉛やアルミニウムを溶かして、その粒子を吹き付け、金属被膜を形成する方法で、現在では常温での溶射も可能になり現場での作業が行えます。

　疲労損傷は荷重がくり返し作用することにより、溶接部などから亀裂（クラック）が発生する現象です。近年、トラック等が大型化し、交通荷重によるくり返し載荷される荷重が大きくなり、疲労損傷が顕在化しています。疲労損傷の補強には、鋼板を疲労部位にボルトで接合するあて板補強が一般的です（図7-11-2）。

●コンクリート橋の補修・補強

　鉄筋コンクリートは経年劣化します。最も一般的な劣化は中性化による鉄筋の腐食です。コンクリート内部は最初アルカリ性ですが、二酸化炭素がセメントと化学反応を起こし、外気に触れている部分から徐々に内部が中性化します。中性化した領域が鉄筋に達すると鉄筋が腐食を初め、腐食による鉄筋の膨張などによりひび割れが発生しさらに劣化が加速します。これ以外にも、劣化のメカニズムとして、海岸近くや寒冷地で路面の凍結防止剤を用いる地域では、コンクリート内部に塩化イオンが進入し、鉄筋の腐食を促進する塩害があります（図7-11-3）。このような、損傷要因に対して、(1) ひびわれ補修、(2) 断面修復、(3) 表面被覆などの補修工法が行われています。ひび割れ補修はひび割れからの水の浸入を防止し、耐久性を向上させるものです。

断面修復は中性化したコンクリート部分を除去した場合などに、鉄筋の防錆処理を施した後、断面修復材により断面形状を復元する工法です。表面被覆はコンクリート表面に保護層を塗布し、塩化物などがコンクリート内部に浸入するのを防ぐ工法です。

図 7-11-1
鋼トラス橋の腐食

図 7-11-2
鋼製橋脚のあて板補強

図 7-11-3　コンクリート橋の塩害による損傷

損傷したコンクリート橋の側面 　　　　損害部分のクローズアップ：腐食した鉄筋

💬 橋の技術者の系譜

　明治後期、近代国家形成を目指す政府による欧化主義政策の下、東京は欧米諸国と肩を並べる都市景観形成を目指す市区改正による首都改造の完成期に入り、街路整備と共に道路元標が置かれる日本橋など重要な近代橋梁の架設事業が進められました。樺島正義（1878（明治11）〜1949（昭和24））はこの時期に活躍した橋梁技術者で、日本橋や新大橋の工事に携わりました。日本初といわれる橋梁設計コンサルタント会社樺島事務所を開設し、東京市初の鉄筋コンクリート橋で当時国内最大級の1スパンアーチ橋の鍛冶橋（橋長30.9m）や、明治天皇崩御の後に表参道に架設された神宮橋を設計しています。

　1923（大正12）年の関東大震災は、着実に近代化しつつあった帝都東京を灰燼に帰しましたが、建築や橋梁を改めて本格的に近代化する契機にもなりました。帝都復興院土木局長に抜擢された太田圓三（1881（明治14）〜1926（大正15））は、隅田川橋梁群（永代橋、清洲橋、蔵前橋、駒形橋、言問橋など）をはじめとする震災復興橋梁の建設を、同局橋梁課長の田中豊（1888（明治21）〜1964（昭和39））と共に主導しました。実弟に木下杢太郎（詩人・作家）がいた太田は文化への造詣も深く、橋梁の意匠について文学者や画家の意見を聴いたり、建築家の山田守や山口文象との協働による設計も行いました。隅田川橋梁群の建設に際して太田と田中は、軟弱地盤対策にニューマチックケーソン工法（潜函工法）を橋梁の基礎工法として導入したり、高張力に耐えるデュコール鋼を採用するなど、耐震設計を考慮した先進技術を積極的に導入し、日本の橋梁技術を飛躍的に発展させる礎を築きました。復興事業完了後、田中は福田武雄と共に新潟の万代橋の設計を行い、また総武線や東武鉄道隅田川橋梁の設計に関わるなど後進の指導をしつつ多くの業績を残しています。計画・設計・施工・美観などに優れた橋梁に授与される土木学会田中賞にその名が受け継がれています。

第 8 章

道路の維持修繕

一度つくられた道路も、使っているうちに痛み始めます。
壊れて使えなくなる前に、早めに手当てをする
計画的な対応の仕方を解説します。

8-1 道路の維持修繕の必要性

●補修、維持と修繕

　道路は、気温の変化や降雨降雪など過酷な自然環境にさらされているだけでなく、絶えず交通荷重を支えています。気温の変化は舗装材の伸び縮みによるひび割れをまねき、自動車のタイヤによる繰り返し荷重は路面のわだち掘れやひび割れの原因となります。また、車道では車両走行時の安全性を確保し、歩道では歩行者が歩きやすいように、路肩を清掃し雨水を速やかに側溝や桝に排水させて水溜りができないようにします。このように、道路の機能を維持していくためには「補修」が欠かせません。補修には、舗装のひび割れや段差に対する軽度の修理や道路清掃や除雪といった「維持」と、建設当初の状態近くに復旧する「修繕」があります。

●ライフサイクルコスト（ＬＣＣ）

　道路が建設され供用された後、路面のひび割れや段差などの不具合が発生した場合、維持や修繕が行われます。維持修繕の後再び供用されますが、時間の経過とともに再度不具合が発生して維持修繕が繰り返され、最終的にはそれも限界に達して、再び舗装全層を打ち換える再建設が行われます。また、路面の性能を高める必要ができた場合にも、再建設が行われます。この建設から維持修繕、再建設という一連の流れをライフサイクルといい、この間に必要となる費用をライフサイクルコスト（ＬＣＣ＝Life Cycle Cost）といいます。ＬＣＣの費用項目は、道路管理者に発生する費用（調査費用、建設費用、維持費用、修繕費用など）、道路利用者に発生する費用（路面の悪化などによる車両走行費用や時間損失費用など）、沿道および地域社会の費用（振動や騒音等の環境費用など）があります（表8-1-1）。舗装の計画にあたっては、耐久性の高い舗装として修繕を減らすべきか、耐久性は高くないがこまめに維持を行い一定の供用性を確保していくのかなどの方針を決めますが、ＬＣＣが密接に関わってきます（図8-1-1）。

表 8-1-1 舗装のライフサイクルとライフサイクルコストの概念

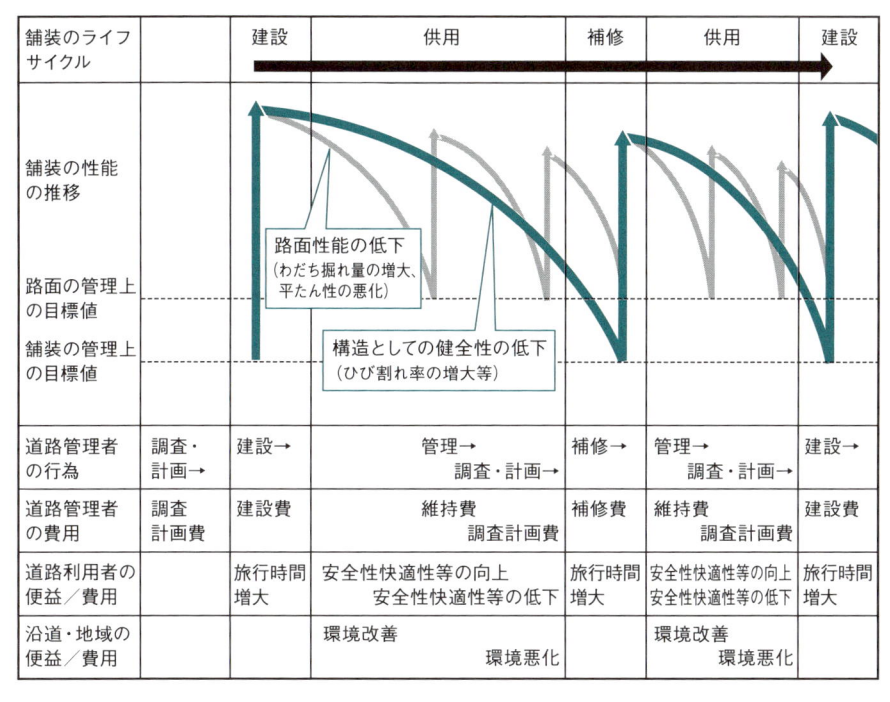

舗装のライフサイクル		建設	供用	補修	供用	建設
舗装の性能の推移			路面性能の低下（わだち掘れ量の増大、平たん性の悪化）／構造としての健全性の低下（ひび割れ率の増大等）			
路面の管理上の目標値						
舗装の管理上の目標値						
道路管理者の行為	調査・計画→	建設→	管理→調査・計画→	補修→	管理→調査・計画→	建設→
道路管理者の費用	調査計画費	建設費	維持費　調査計画費	補修費	維持費　調査計画費	建設費
道路利用者の便益／費用		旅行時間増大	安全性快適性等の向上　安全性快適性等の低下	旅行時間増大	安全性快適性等の向上　安全性快適性等の低下	旅行時間増大
沿道・地域の便益／費用			環境改善　環境悪化		環境改善　環境悪化	

図 8-1-1 管理上の目標値の設定と概念

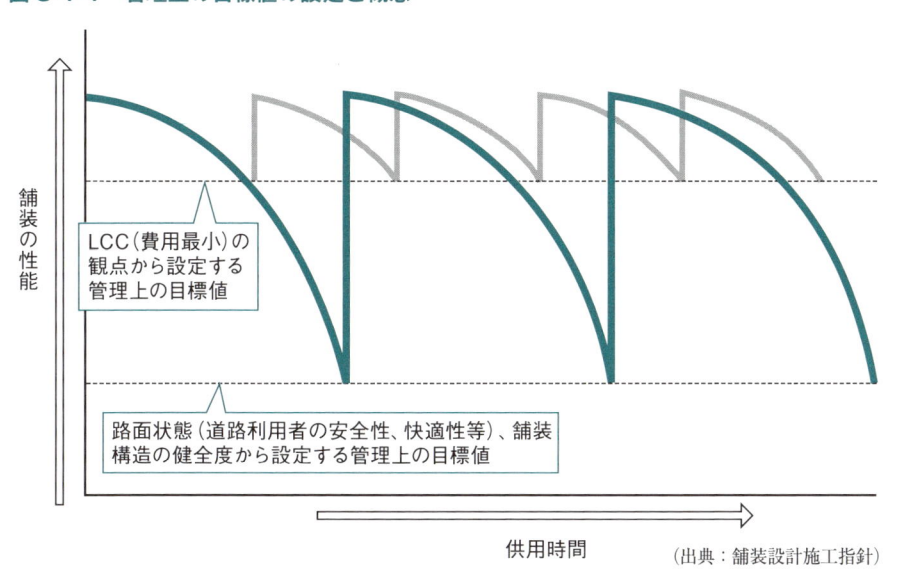

（出典：舗装設計施工指針）

8-2 アスファルト舗装の維持修繕

●アスファルト舗装の主な破損の種類とその原因

ひび割れ：ひび割れには、舗装厚不足や路盤の支持力不足、混合物の劣化などが原因で走行軌跡部や路面全体に発生する亀甲状ひび割れ（図 8-2-1）、わだち掘れが原因で軌跡部の縦断方向に発生する縦方向の線状ひび割れ、低温で舗装が収縮して発生する横方向の線状ひび割れ、混合物の品質不良や施工時の転圧温度が不適切で発生するヘア・クラックなどがあります。

わだち掘れ：わだち掘れ（図 8-2-2）は、路床や路盤の沈下で発生するもの、表層基層の混合物の品質不良で変形を起こすもの、タイヤチェーンで削り取られて発生するものなどがあります。

凹凸・段差：路床や路盤の支持力が不均一であると縦断方向に凹凸が発生し平たん性が悪くなります。また、路床や路盤の転圧不足や地盤の沈下があると段差が発生します。

●補修方法

打ち換え工法：舗装の一部または全部を再構築する工法で、路床の入れ換えや路盤までの層を打ち換える場合、表層基層のみを打ち換える場合、破損の著しい局部だけを打ち換える工法などがあります。

オーバーレイ工法：既設舗装の上に新たなアスファルト混合物層を上乗せする工法です。

シール材注入工法：比較的幅の広いひび割れ部にアスファルト系や樹脂系のシール材を充填（図 8-2-3）する工法です。

表面処理工法：主に舗装の寿命を延ばすための予防的維持工法として用いられます。既設舗装の表面の劣化を防止することや小さいひび割れを塞ぎ耐久性を向上させることなどを目的に、アスファルト乳剤と骨材などを散布する工法があります。

パッチング・段差すり付け：表層混合物が局部的にはく離飛散してできたポッ

トホールや段差に対して、応急的にアスファルト混合物などで穴埋めやすりつけを行う方法です（図 8-2-4）。

図 8-2-1
アスファルト舗装のひび割れ

図 8-2-2
アスファルト舗装のわたち割れ

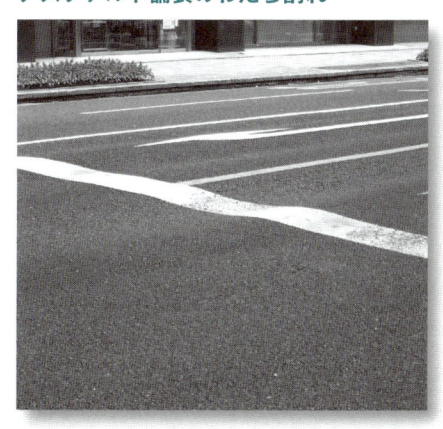

図 8-2-3
アスファルト舗装のシール材注入補修の状況

図 8-2-4
アスファルト舗装の段差すりつけ状況

8・道路の維持修繕

179

8-3 コンクリート舗装の維持修繕

●コンクリート舗装の主な破損の種類とその原因

ひび割れ：路床路盤の支持力不足や地盤の不等沈下、目地の機能不全、コンクリート版厚の不足やコンクリートの品質不良で発生します。また、施工時に異常乾燥や急激な温度低下があると、微細なひび割れが発生します（図8-3-1）。

段差：ひび割れ同様、路床路盤の支持力不足や地盤の不等沈下、目地の機能不全、コンクリート版の振動で路盤材が雨水とともに目地から吸いだされるポンピング現象などにより発生します（図8-3-2）。

目地部の破損：目地板材料の老化や注入目地材のはみ出しなどの目地材の破損と、目地の機能不全による目地縁端部の破損があります（図8-3-3）。

●補修方法

打ち換え工法：コンクリート版そのものが広い範囲で破損している場合に採用されます。また、コンクリート版の隅角部などの一部に、版の厚さ方向全体に達するひび割れが発生している場合は、局所打ち換えを行います。

オーバーレイ工法：既設のコンクリート版の上に、新たな舗装をかぶせる工法で、アスファルト混合物を使う場合とコンクリートを打ち継ぐ場合があります。アスファルト混合物でオーバーレイをする場合、コンクリート版の目地部からアスファルト混合物層にひび割れ（リフレクションクラック）（図8-3-4）が発生しやすいので、クラック抑制シートの設置などの前処理を要します。

バーステッチ工法：コンクリート版に発生したひび割れに、鉄筋やフラットバーなどの鋼材をひび割れと直角方向に埋め込み、ひび割れた両側を連結させる工法です。

注入工法：コンクリート版と路盤の間にできた空洞に注入材を充填したり、沈下したコンクリート版を注入材で押し上げて元の位置に戻す工法です。

シーリング工法：目地材の劣化や老化によりコンクリート版にひび割れが発生したとき、目地やひび割れから雨水が路盤に浸入することを防ぐ目的でシール材を注入する工法です。

図 8-3-1
コンクリート舗装のひび割れ

図 8-3-2
コンクリート舗装の段差状況

図 8-3-3
コンクリート舗装の目地破損状況

図 8-3-4
コンクリート舗装のリフレクションクラック状況

8-4 その他の舗装の維持修繕

●ポーラスアスファルト舗装の主な破損の種類と補修方法

　ポーラスアスファルト舗装とは、透水性舗装や排水性舗装などに用いられる空隙の多いアスファルト舗装の総称です。

空隙つぶれ：透水性舗装や排水性舗装の空隙がつぶれると水溜りができたり騒音が大きくなったりします。補修は、ポーラスアスファルト混合物層を削り取りオーバーレイする方法が一般的です。

空隙詰まり：空隙詰まりの原因は、雨水とともに泥や微細なゴミがポーラスアスファルト混合物の空隙に入り込むことです。補修は、高圧水を路面に噴射して空隙に詰まっている泥などを洗浄したのち、水とともに吸引する方法が一般的です（図8-4-1）。

●ブロック系舗装の主な破損の種類と補修方法

わだち掘れ：わだち掘れ（図8-4-2）は、路床路盤の支持力不足による沈下やクッション砂の品質不良、ブロック表面の摩耗などが主な原因で発生します。補修方法は、ブロックを取り外し路床・路盤を補修し、新しいクッション砂を用いて再度ブロックを敷設します。

ブロックの破損：ブロックの角欠けやひび割れ、表面の剥離などがあります。補修方法は、いずれも新しいブロックと交換しますが、適正な目地幅を確保し、十分に転圧し目地詰めを行います。

カタカタ現象、水平移動：目地砂が流出しクッション砂が固化してカタカタとブロックが上下動したり、車両の走行方向に沿ってブロックが水平移動することがあります。カタカタ現象に対しては、目地砂とクッション砂を交換して再敷設し、水平移動に対しては、目地砂を充填もしくは固化させます（図8-4-3）。

●樹脂系舗装の主な破損の種類と補修方法

劣化・摩滅：樹脂を塗布した舗装では、長期間供用されているうちに樹脂塗布層が摩耗したり、劣化して色が変わってしまいます。補修は、樹脂塗布層の再施工となりますが、下地となる舗装の打ち換えも含めて検討します。

図 8-4-1 ポーラス舗装の高圧洗浄状況

図 8-4-2 ブロック系舗装のわだち掘れ

図 8-4-3 ブロックの水平移動

8-5 道路付属施設の維持修繕

●排水施設

　道路には、水溜りができないように排水施設が併設されています。路肩にある側溝や雨水桝がそれですが、側溝や桝の蓋にゴミが溜まる（図 8-5-1）と、速やかに排水できなくなるため、日常の維持作業で路肩の清掃を行い、排水機能を確保することが大切です。桝には、排水管が接続されていますが、桝内部に泥がたまると排水管が詰まる原因となるので、定期的に桝の内部の清掃を実施する必要があります。

●路面表示・安全施設（ポストコーン、視線誘導標）

　路面に表示されている白線や矢印、横断歩道や停止線などは、供用とともに磨り減ったり削られて不鮮明になる（図 8-5-2）ため、定期的に再施工する必要があります。また、車両のセンターラインはみ出し防止のために設けられているポストコーンや、路肩の縁石やガードレールに取り付けられている視線誘導標（デリニエータ）などは、車両との接触などにより破壊（図 8-5-3）されることがよくあるので、定期的に点検し補修する必要があります。

●信号・照明・ガードレール

　信号のランプは、近年長寿命の LED ランプが多く使われていますが、定期的に点検と清掃を行う必要があります。道路照明についても、ランプの長寿命化が進んでいますが、定期的に点検清掃する必要があります。ガードレールについては、主に交通事故による破損によってレールのみならず支柱も抜け出しているような場合もあり、交通の安全を確保するためにも破損箇所は至急補修する必要があります。

●街路樹

　街路樹は、日々成長し道路空間に潤いを与えます。樹木は成長とともに枝

葉が道路の通行を阻害しないように剪定が行われます。道路沿道の過酷な環境に耐える樹種を選び、季節毎に施肥や剪定など計画的な管理が必要になります。また、近年では街路樹の剪定枝や落ち葉を堆肥化するなど環境に配慮した街路樹管理に取り組んでいる自治体や団体があります。

図 8-5-1
落ち葉による側溝蓋の目詰まり

図 8-5-2
路面表示のすりへりによるかすれ

図 8-5-3　視線誘導標の破損

💡 道路の記念日

● 6月1日＝景観の日
景観法の基本理念の普及、道路景観など良好な景観形成に関する国民の意識啓発を目的に、法が全面施行された日を記念して2005（平成18）年に制定されました。

● 8月10日＝道の日
1920（大正9）年、日本で最初の道路整備長期計画「第1次道路改良計画」が実施された日であること、道路ふれあい月間（8月1日～31日）期間中に当たることから、道路の意義・重要性の認識を深める日として1986（昭和61）年に定められました。

● 9月1日＝防災の日
1959（昭和34）年9月に伊勢湾台風が大災害をもたらしたことや1923（大正12）年関東大震災が発生した日であることから、1960（昭和35）年に制定されました。この日をはさむ一週間を防災週間としています。

● 10月1日～7日＝全国道路標識週間
道路利用者のための道路標識の整備充実及び利便性の向上を図ることを目的に1978（昭和53）年に定められました。

● 10月4日＝都市景観の日
1990（平成2）年、都市景観への意識啓発を図るため「十・四・日＝都市美」の語呂から定められました。都市景観大賞の表彰など各種行事が行われます。

● 11月18日＝土木の日
道路などの土木技術及び土木事業に対する一般社会の理解を深めるため、1987（昭和62）年、土木学会の前身の日本工学会の創立日（1879（明治12）年）にちなんで定められました。日付を漢数字で書くと「十一⇒土」「十八⇒木」となります。

第9章

新しい道路の姿

地球環境保全や社会福祉が大きな課題になっている現在、
人々や環境にやさしい道路づくりをめざして進められている
さまざまな取り組みを紹介します。

9-1 道路の景観

　道路は交通機能を満たすのみならず、人々が道路空間を利用するときに周囲の街並みや自然景観を体験する場所（＝視点場）としてデザインする必要があります。また同時に道路やその付属物自体のデザインの質を高めることも重要です。こうした景観への配慮は道路設計において道路構造やそこに形成されるオープンスペースの機能と併せて検討することが基本となります。

●街路景観

　望ましい街路景観を創出するためには、道路事業の範囲だけではなく、沿道を含めた都市景観形成の観点から検討する必要があります。密集した都市空間における街路は、視線が道路軸方向に通ることで街並みや遠景の眺望、土地の起伏など、その地域の景観的個性を感じられる場所となります。これらは街路景観の基調ともいうべき要素となりますが、遠景のコントロールは難しく、周辺の街並みの景観を整えるためには、沿道建物のデザインや色彩に関する景観規制が有効です。景観法のもとでは、沿道の景観地区においてこうした規制が可能であり、対象道路を景観重要道路に位置づけて、道路と沿道を一体に考えたより積極的な景観形成を行うことができます。道路自体については再開発事業や電線の地中化、拡幅等の事業が景観整備を行う機会となりますが、その場合、道路関連構造物が都市景観の主要素として見せたいものを阻害することがないように配慮します。信号・標識等の視認性は確保する必要がありますが、照明、防護柵、舗装などの要素はいずれも色彩や形態の面で存在感を主張することなく、それぞれ沿道の街並みとあわせて統一感のあるデザインにします。

●自然地域の道路景観

　自然景観が主となる地域では道路構造自体をいかに地形に馴染ませ、地形や植生の改変を最小にするかが線形設計上、特に重要です。このような線形を見出すことと、やむを得ず地山に発生した人工的な斜面（盛土法面、切土

法面）の視覚的な影響を最小にすることが、道路景観設計の第一の課題です。もちろんその他の道路構造物である、橋梁や擁壁、トンネルの坑口、照明設備、防護柵等についても、その質を高めて、周辺の自然景観と融和するデザインを行います。道路景観は、道路計画の早期の段階から検討されなければなりません。概略的な路線の位置を定める路線計画では、道路が各所で橋梁やトンネルを必要とするのか、切土あるいは盛土土工となるかが決まります。地形や植生を保全する上で橋梁やトンネルは地表への影響が比較的少なく有利ですが、どの程度採用できるかはこの段階で決まります。土工部では条件の悪い法面の安定化や植生復元のためにより費用がかかるようになるので、橋梁やトンネルも以前よりは採用しやすくなっています。

　設計段階での景観対策としては、まず法面の視覚的影響の緩和に有効なラウンディングと呼ばれる手法があります。これは法面の法肩や両端部を中心に全体的に丸みを持たせる方法で、斜面をより自然な地形に近づけるものであり、斜面安定化の面からも合理的で、斜面が一部緩勾配化して端部の保水性が高まるため植生も戻りやすくなります。もうひとつは道路の上下線分離（ツイニング：5-3節参照）です。この方法では既存樹林を保全しやすいと同時に、道路からの眺望を改善することが可能です（図9-1-1）。

図9-1-1　上下線分離による植生の保護と眺望の改善

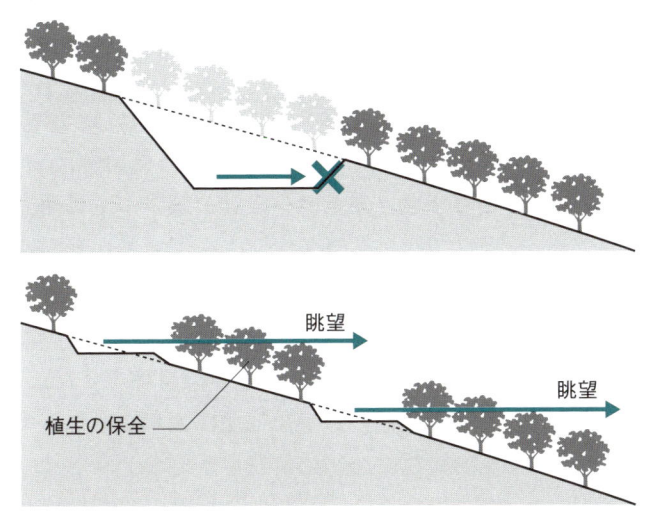

9-2 自然環境との調和

●多岐にわたる自然環境への悪影響

　道路の建設が自然環境に及ぼす影響を無くすことは非常に難しい課題ですが、可能な限り影響を最小にする努力が求められます。道路の影響を考える場合、完成したものとしての道路構造物だけを考えるのではなく、現場での工事のあり方や供用後の管理においても絶えず周辺環境に悪影響を及ぼしていないか注意を払う必要があります。道路と自然環境の関係については、自然への影響を知ること（調査と評価）と悪影響を最小化すること（計画と設計、管理）が大切です。前者は環境アセスメントの項（2-3節）で取り上げましたので、ここでは後者について説明することにします。保全の対象となる自然要素としては、植生や動物以外にも土壌や地下水位、大気や光環境、景観など、生態系に関わりのある要因を多面的に検討する必要があります。植生については道路と森林の境界に林縁植生を形成することや、発生した切土・盛土の法面の自然な緑化が主な課題となります。動物についてはテリトリー（なわばり）を含むホームレンジ（行動圏）を道路が分断することから動物が事故にあうロードキルへの対策が主な課題になります。

●ミチゲーションと道路の計画・設計

　道路の計画や設計における対策については、ミチゲーション（Mitigation）の概念を理解すると整理しやすくなります。ミチゲーションは日本では開発による環境影響を緩和するという意味で用いられますが、米国では湿地の開発前後で no net loss（環境の損失が正味ゼロ）となることを目指したミチゲーションが法的に規定されています（図9-2-1）。この概念を道路に用いると、まず計画上位の路線選定段階において、不必要な道路建設自体を「回避」する（作らない）か、ルートの位置が生態系の豊かな地域に入らないようできるか検討します。回避が難しい場合には、路線の位置を重要なテリトリーから離すか、動物の移動経路を分断しないように積極的に橋梁形式を採用し

て影響を「最小化」するという方法があります。また動物の移動経路を遮断してしまう場合には、横断トンネルを建設して分断された移動経路を「修復」する方策もあります。道路の供用に際して、照明の漏れ光が周辺の動植物に悪影響を及ぼさないような灯具を採用し、影響を「軽減」することもあります。また動物の生息域の破壊が避けられない場合には、影響を被る動物等の生態にあった自然空間を人工的に作り出すビオトープ（biotope）をオンサイト（もとの現場付近）に再生する、あるいは、ほかの場所に設置して「代償」とする、といった方策がとられます。

図 9-2-1 ミチゲーションの定義と計画の考え方

優先順位	内容
①	Avoid（回避）　対象事業を行わないことで影響をさける
②	Minimize（最小化）　事業の実施スケールを制限することで影響を最小限に抑える
③	Rectify（修復）　失われた環境を回復・再生・修復する
④	Reduce/Eliminate（軽減）　事業の期間中、保護・維持活動によって長期にわたる影響を減じまたは除去する
⑤	Compensate（代償）　失われた環境に対し、代替資源・環境を再生することによって影響を代償する

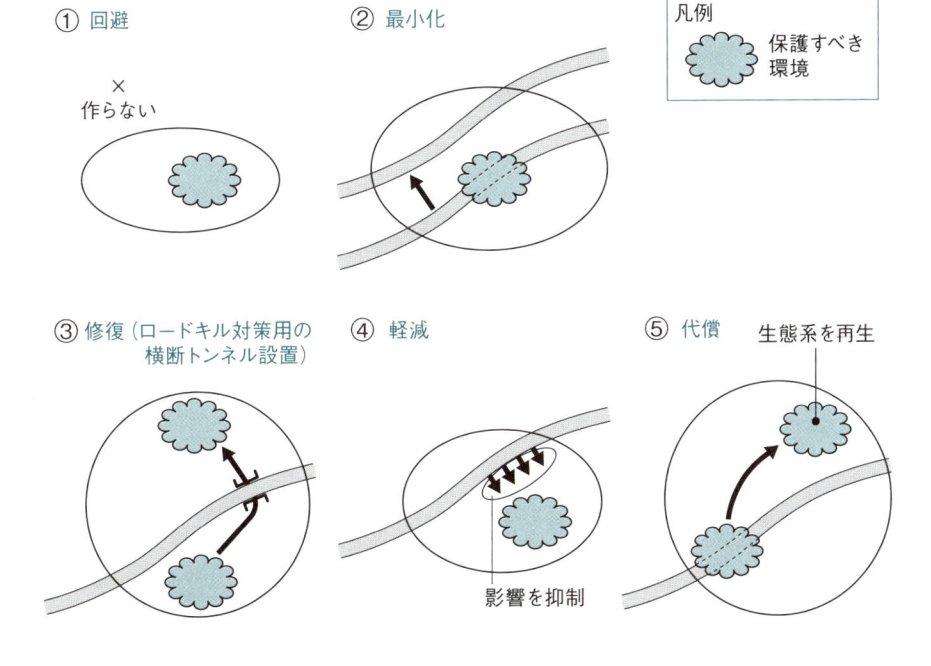

① 回避

② 最小化

凡例　保護すべき環境

③ 修復（ロードキル対策用の横断トンネル設置）

④ 軽減　影響を抑制

⑤ 代償　生態系を再生

9-3 人と車の共存

●コミュニティ・ゾーンとは

　安全な道路交通を実現することは、道路づくりで最も重要な視点です。とりわけ、人々の日常生活に密着した生活道路や、商店街・都心部の大通りなどにおいて、歩行者や自転車が安心して通行できる道路を実現することが重要です。

　日本は、他の先進国に比べて、歩行者や自転車利用者が交通事故にあう比率が飛びぬけて高いことが知られており、国で進めている交通安全基本計画でも、その重要性が強調されています。

　生活道路等を利用する歩行者や自転車の安全を図るには、通過交通の流入を抑えるとともに、走行速度を抑制することが最も重要です。そのための手法として、1960年代から始まった都市総合交通規制（生活ゾーン等）や、1980年から始まったコミュニティ道路等の取り組みがありますが、交通規制と道路対策を連携させつつ面的に取り組む手法として、1996年からコミュニティ・ゾーンがスタートしました。コミュニティ・ゾーンに指定されると、ゾーンの入口の全ての交差点に「時速30km区間指定」の特別な速度規制標識が立てられ、このゾーンが特別な区域であることを運転者に伝えます。そして、ゾーン内の道路には、ハンプや狭さくなどの速度抑制対策が適宜配置されます（表9-3-1）。

　コミュニティ・ゾーンは、その後、くらしのみちゾーンやあんしん歩行エリアなどの事業に少しずつ模様替えしながら引き継がれています。

●地域住民参加の道路づくり

　このような安全対策を進めるためには、地元住民の協力が不可欠です。そのため、くらしのみちゾーンは、市町村に加えて地元住民自身が国に対してゾーン認定に応募できる制度があります。また、近年では、地元住民が市町村や警察とともに協議会をつくり、ワークショップを開催して事業計画を作

成することが一般的になっています。さらに、地元で協議を進める中で、対策の効果や影響などを事前評価するために、ハンプ等をレンタルして社会実験を行える制度なども整えられ、活用されています。

表 9-3-1　コミュニティゾーンで用いられるハード的手法

対象	分類	手法	概要	交通量の抑制	速度の抑制	路上駐車対策	景観の改善	歩行環境の改善
道路区間	ハンプ	台形ハンプ	車道路面に設けた凸型舗装。上面はフラットで、なだらかな台形の形状	○	◎	—	☆	☆
		弓形ハンプ	路面との間になだらかなすりつけを有する弓型断面形状のハンプ	○	◎	—	☆	—
		スピードクッション	大型車が乗り上げずに通過できるよう、凸部を車道中央部に設けたもの	○	◎	—	☆	—
		イメージハンプ	舗装の変化によって視覚的に注意走行を促すもの	△	△	—	☆	—
	路面凹凸舗装		舗装の工夫によって車に微振動・共鳴音を与え、注意走行を促すもの	○	○	—	☆	—
	狭さく		車道幅を物理的または視覚的に狭くすることにより低速走行を促すもの	○	◎	☆	☆	☆
	シケイン		車両通行領域の線形をジグザグまたは蛇行させて速度低減を図るもの	○	◎	—	☆	—
	通行遮断		道路区間の一部を遮断し、物理的に車両の通行を制限するもの	◎	—	—	☆	☆
	駐停車スペース		駐車需要等に応じて必要最小限のスペースを限定して確保するもの	—	—	◎	☆	—
交差点	交差点入口ハンプ		形態は単路部の台形ハンプと同じ。歩行者の車道横断の支援等に供する	△	○	—	☆	◎
	交差点全面ハンプ		交差点全体を盛り上げるタイプのハンプ	△	○	—	☆	◎
	交差点狭さく		形態は単路部の場合と同じ。事故防止、交通流コントロールに供する	○	○	☆	☆	☆
	ミニロータリー		中央に円形の交通島を設け、流入交通一方向に回して処理する施設	○	○	—	☆	—
	交差点シケイン		車両通行領域の線形を交差点内でシフトさせ、速度低減を図るもの	○	○	☆	☆	—
	遮断（斜め遮断、直進遮断、交差点遮断、片側遮断、チャネリゼーション）		交差点において通行遮断を行い、車が進行できる方向を限定するもの	◎	—	—	☆	☆
その他	ボラード		車止めとして用いる杭。デザイン上の工夫でストリートファニチャーとしての利用可	—	—	◎	☆	☆

※　用途に対する効果　　◎ 効果大　　☆ 工夫によっては効果が得られる
　　　　　　　　　　　　○ ⇕　　　　— 効果なし
　　　　　　　　　　　　△ 効果小

（出典：コミュニティ形成マニュアル）

9-4 道路のユニバーサルデザイン

●高齢化社会に不可欠な道路のバリアフリー化

　高齢者や障害者を含む、あらゆる人が安心して通行できる道路づくり、すなわち道路のユニバーサルデザインは、超高齢社会目前の日本にとって緊急の課題です。2000年にいわゆる「交通バリアフリー法」が公布され、「道路のバリアフリー基準」が設けられました。この基準は、道路のユニバーサルデザインにとって何が必要かを端的に示しています。以下に、その主な項目についての規定とその趣旨を示します。

歩道の幅員：通行幅1mを必要とする車いすのすれ違いを考慮して、歩道は有効幅員2m以上を確保しなければなりません（図9-4-1）。

歩道の勾配：車いす使用者にとって、歩道の勾配は著しいバリアになります。そこで、縦断勾配5％以下、横断勾配1％以下、という基準が定められています。

歩道の高さ：従来は、10cm～20cm程車道よりも高い歩道が一般的でしたが、そのような高い歩道では、沿道に車庫等があるたびに歩道を切り下げる必要があり、車いす等の通行が困難な「波打ち歩道」の原因となっていました。そこで、歩道の高さは5cmとされました。

歩道の縁端構造：歩道が横断歩道に接続する部分の縁石の高さは、車いす使用者、視覚障害者の両者にとって、きわめて重要な問題です。車いす使用者にとっては、この段差は限りなくゼロに近いほうが望ましいのですが、一方で、視覚障害者にとっては、この段差を白杖等で感知して歩道と車道の境界を認知するため、段差が高いほうが望ましいのです。長年にわたる議論の結果、現在は、段差2cmが基準となっています。ただ、さらに両者にとってより望ましい構造を求めて、各地でさまざまな取り組みが行われています（図9-4-2）。

　2006年に、交通バリアフリーと、建物等のバリアフリーのためのいわゆるハートビル法を一体化した、いわゆる「新・バリアフリー法」が新たに制

定されました。このとき、道路のバリアフリー基準に関しても、バリアフリー化の円滑な推進のため、より現実的な内容に見直されました。

図 9-4-1　車いすがすれ違うための歩道最小幅員

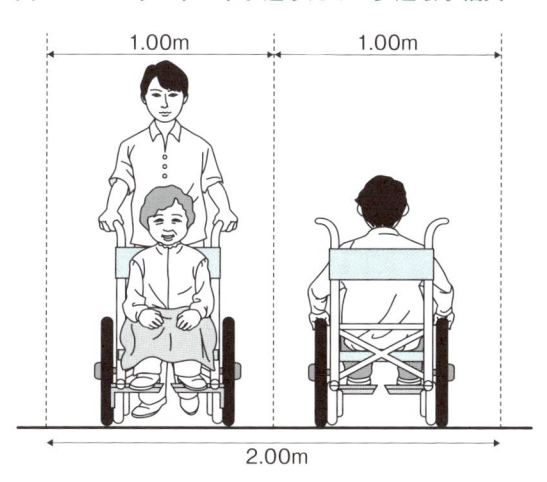

図 9-4-2　歩道の縁端の工夫

バリアフリー対応の標準的な歩道の縁端構造

車いす用の溝を設けた縁端構造の工夫例
（埼玉県熊谷市）

9-5 公共交通機関との共存

●新交通システムは道路の一部

　自動車が普及し利用が高まると交通事故や渋滞、大気汚染、騒音などの問題が発生する場合があります。車両1台当たりの利用者数が自家用車より多いバスや路面電車は、同じ方向へ移動する車の数を減らす効果が期待されますが、他の車と同じ車道を走る場合で、交通量が多い道路では停留所での停車が混雑の原因となったり渋滞による遅れが生じ、乗客が離れ交通事業としての経営難が生じることがあります。環境問題やエネルギー消費の問題から公共交通機関の利用を促進し過剰な車の交通を減らす必要性は高く、車道に影響を与えない高架構造の新交通システムが導入されています。新交通システムは電気を動力源として運行が電子制御された中量軌道輸送機関で、AGT（Automated Guideway Transit）とも呼ばれ、都市鉄道や地下鉄より一回り小さくバスよりも大きな輸送力を持ちます。モノレールやライトレール（LRT=Light Rail Transit）（図9-5-1）を含む場合もあり、モノレール道等整備事業などにより整備されます。ライトレールは軌道法により車道を兼ねた併用軌道を路面電車として走行できる軽量軌道交通機関であり、1両または数両編成で走る低騒音でユニバーサルデザインに対応した低床式の新型車両を導入して整備された路線が登場し、新世代の路面電車として今後の普及が期待されています。

●トランジット・モール

　トランジット・モール（Transit Mall）（図9-5-2）は自家用車や商用車の通行を制限し、バス、路面電車、LRT、タクシー等の公共交通機関だけが優先的に通行できる歩車共存道路で、公共交通機関の利便性を高め、中心市街地を活性化する施策として設けられます。欧米の都市には導入事例が多く、日本ではコミュニティバス事業と組み合わせて実施されはじめています

図 9-5-1　ライトレールの例：富山ライトレール

図 9-5-2　トランジットモールの例：オランダ、アムステルダム）

9・新しい道路の姿

9-6 情報化と道路交通

●さまざまな ITS サービス

安全で円滑な道路交通を支援するサービスとして、高度情報技術を活用したITS（Intelligent Traffic System）と呼ばれる種々のサービスが開発され、実用化されています。

カー・ナビゲーション・システム（Vehicle Navigation System）：カーナビと略称される専用の車載装置の画面に、GPS（Global Positioning System: 全地球測位システム）と呼ばれる、地球上空2万1000kmの軌道上を周回している人工衛星からの信号を受信して、現在地や進路を表示するシステムです。車載装置の種類により目的地への経路探索など種々の機能が実装されています。

バスロケーションシステム（Bus Location System）：無線通信やGPSを利用してバスの位置情報を収集し、停留所の表示板や携帯電話、ウェブサイトでバスの到着予定や位置情報を提供するシステムです。

VICS=Vehicle Information and Communication System：VICSセンターで編集・処理された渋滞や交通規制などの道路交通情報をリアルタイムに送信し、カーナビなどの車載装置に表示するシステムです。

この他、ITSを道路交通の様々な場面に対応した身近なものにするため、新交通管理システム（UTMS）が提案されています。UTMSは、高度交通管制システム（ITCS）を中心に交通情報提供システム（AMIS）や公共車両優先システム（PTPS）、車両運行管理システム（MOCS）など各種のサブシステムから構成され、より安全で便利な道路交通を実現するための情報提供を目指すものです（表9-6-1）。

● ETC の活用

「ノンストップ自動料金支払いシステム」などとも呼ばれるETC（Electronic Toll Collection System）は、自動車に取り付けた車載器と料金所のアンテナが無線で交信することで、車は時速20km以下で料金所を通過

することができるシステムです。料金所で起こる渋滞によるドライバーのイライラを解消するだけでなく、車の燃費を向上させ、騒音や排気ガス CO_2 の軽減は地球温暖化の抑止にも直結します。有料駐車場への導入や鉄道などの公共交通機関と連携する P&R（Park and Ride）への展開も可能です。

表 9-6-1　新交通管理システム（UTMS）を構成するサブシステム

略　称	名　称	内　容
ITCS	高度交通管制システム	UTMSの中核となる高度な交通管制システムで、光ビーコンなどの最新の情報通信技術やコンピュータなどを駆使して、刻々と変化する交通状況を把握し、信号制御の最適化、リアルタイムな交通情報の提供などを管理
AMIS	交通情報提供システム	交通管制センターに収集されたドライバーが必要とする交通情報を、情報板、カーラジオ、カーナビゲを通してリアルタイムに提供するシステム
PTPS	公共車両優先システム	バスなどの公共車両が優先的に通行できるようにバス専用・優先レーンの設置や違法走行車両への警告、優先信号制御を行い支援するシステム
MOCS	車両運行管理システム	バス事業、貨物輸送事業、清掃事業などの事業者に個々の事業車両の走行位置や時刻などの情報を提供し、適切な運行管理を支援するシステム
EPMS	交通公害低減システム	大気汚染物質や騒音などの交通公害を低減し、地域の環境を保護するため、環境情報や交通情報を収集して信号制御や迂回誘導・流入制御を管理
DSSS	安全運転支援システム	ドライバーが安全に運転できるように、視認困難な位置にある自動車、二輪車、歩行者を路上や車両に設置された各種感知機が検出し、その情報を車載装置や交通情報板などを通して提供し、注意を促すシステム
HELP	緊急通報システム	運転中の事故、車両トラブル、急病などの緊急時に、救援機関に通報を行い、正確な位置情報などを提供し、警察車両、消防車、ロードサービス車両などの緊急車両が、迅速な救援活動を行えるように支援するシステム
PICS	歩行者等支援情報通信システム	高齢者や障害者の方々が安全に移動できるように正確で安全な交差点の情報を音声で提供し支援するシステム
FAST	現場急行支援システム	緊急車両が迅速に急行できるように優先的に走行させるための信号制御等を行い支援するシステム
DRGS	動的経路誘導システム	変化する交通状況を分析し、最適な経路と予測所要時間などの情報を提供しドライバーが最短時間で目的地に到達できるよう支援するシステム
IIIS	高度画像情報システム	カメラで収集した画像による交通情報を最新の動画デジタル圧縮技術などを駆使してリアルタイムに警察署、交通管制センターに伝送し交通状況を把握できるように支援するシステム

（出典：社団法人新交通管理システム協会ホームページより作成）

9-7 道路の災害対策

●道路と自然災害

　日本は世界でも有数の地震常襲国です。また国土の大部分が山岳地帯で年間降水量が多い上、台風などの豪雨による被害も受けやすい気候条件にあります。近年は気候変動の影響により集中豪雨による災害も増えてきています。このような自然災害により、道路は様々な被害を受けます（図9-7-1）。

●道路の災害対策と復旧

　災害対策には大きく分けてソフトウェア面とハードウェア面での対策があります。ソフトウェア面での対策には危険区域の情報提供や点検整備の体制づくり、災害後の復旧体制づくり、情報伝達システムの高度化などの方策があります。一方、ハードウェア面での対策には、①構造物自体の強度の確保、②免震装置等によって作用する外力を和らげる、などの対策や、③落橋防止装置、など万が一被災しても大事に至らない装置を設置する対策（7-10節参照）、④土砂災害の対策施設や気象災害に対応するための防雪施設、のように構造物を適材適所に配置して地域や道路の区間全体として対策を考えるものなどがあります。

　このような災害対策の方向性として、災害でも破綻しない十分な耐久性をもった道路や橋梁を建設することも必要ですが、自然災害とその被害を完全に防ぐことはできないので、むしろ災害が起こることを前提にその影響を最小化しようとする減災（災害ミティゲーション）の考え方が注目されています。減災において重視されるのは、①被災を想定した災害発生前の十分な準備、②被災直後の混乱時に被害を最小化する対策、③被災後の迅速な復旧のための対策です。災害前の対策としては、ハザードマップの作成があります。これは情報の把握と共有、活用によって減災をはかる例です。道路の場合では災害を及ぼす危険性のある斜面を抽出した道路斜面ハザードマップがあります。また被災時にも社会活動が継続できるように、避難施設や経路を

充実させる、あるいは防災道路のネットワーク化を推進しておくことにより一部の道路が被災してもほかの道路が緊急輸送で代替活用できるようにする（フォールトトレラント）といった対策があります。例えば、地震津波の浸水範囲の履歴情報を考慮して高規格幹線道路の路線位置を決定し、地域の孤立を防ぎ、迅速な救援活動ができるようにする対策例があります。一方、市街地では電線類の地中化が進められ、災害時のライフラインの被害を低減するとともに、電線電柱の倒壊による被災防止や被災時の諸活動が円滑に行えるよう対策がなされています。また被災時には倒壊した建物で道路封鎖が発生し火災等から避難できない状況が発生します。従って延焼防止効果も期待した高木並木のある広幅員道路の整備も必要です。

被災直後や復旧においては、被害を長引かせず、迅速に復旧ができるようなシステムづくりが肝要です。たとえば速やかに現地に急行して災害状況を衛星通信でリアルタイムに配信する車両や、悪条件下の被災地でも機能する無人化災害対策用機械がすでに開発されています。

なお道路自体の復旧実施については、国の施設の場合には直轄災害復旧事業として特別の予算措置により（地方公共団体の負担も含め）復旧されます。また地方公共団体の管理道路である場合、財政力の限界から復旧が遅れることがないように、国の施設と併せて直轄事業として復旧する場合と、公共土木施設災害復旧事業費国庫負担法に基づいて国が財政援助を行い早期の機能復旧をはかる場合とがあります。

図 9-7-1　自然災害と道路の被害の例

自然災害
- 豪雨
- 洪水
- 暴風
- 地震
- 地すべり
- 雪崩
- 津波等

→

道路の被害
- 法面の崩壊
- コンクリート擁壁の倒壊
- 盛土部路肩の崩壊
- 橋梁上部構造の落下
- 橋梁下部構造の倒壊
- 道路網の寸断による交通障害と交通事故
- ガス・水道などのライフラインの被災

用語索引

欧字
ETC･････････････････････････ 116, 117, 198
FRP（繊維補強樹脂）、FRP 橋 ･･････････ 151
ITS ･･････････････････････････････････ 198
KJ 法 ･････････････････････････････････ 44
K トラス ････････････････････････････ 155
NATM ･･････････････････････ 129, 138, 139
SA・PA 接続型 ･･･････････････････ 112, 113
TBM 工法 ･･･････････････････ 126, 136, 137

ア行
アーチ橋 ･････････････････････ 157, 158, 159
アウトストラーダ ･･････････････････････ 120
アウトバーン ･･･････････････････････ 16, 120
青線、青道 ･････････････････････････････ 84
赤線、赤道 ･････････････････････････････ 84
アスファルト混合物 ･･････････････････ 94, 95
アスファルトフィニッシャ ････････････ 94, 95
アスファルト舗装 ･･･････････ 92, 94, 178, 179
アドプト制度 ････････････････････････ 44, 45
維持 ･････････････････････････････････ 176
維持管理 ････････････････････････････ 32, 33
石橋 ･････････････････････････････････ 151
石張り舗装 ････････････････････････････ 93
位置指定道路 ･･････････････････････････ 20
一里塚 ････････････････････････････････ 14
一般国道 ･･･････････････････････････ 18, 21
一般自動車道 ･･･････････････････････ 19, 21
一般占用 ･･････････････････････････････ 82
入鉄砲出女 ････････････････････････････ 14
インターステート・ハイウェイ ･･･････････ 120
インターチェンジ ･････････ 70, 108, 110, 112, 114, 115
インターロッキング・ブロック ･･･････････ 102
ウィーヴィング ･･･････････････････････ 112
駅家（宿駅） ･･･････････････････････････ 14
裏込め注入工 ････････････････････････ 143
駅伝制 ････････････････････････････････ 14
駅前広場 ･････････････････ 24, 50, 51, 72, 73
沿道区画整理型街路事業 ･･････････････ 27
沿道整備街路事業 ･･････････････････････ 27
オートルート ････････････････････････ 120
オープンタイプ ･････････････････ 136, 137
追越視距 ････････････････････････････ 60, 61
追い越し車線 ･････････････････････ 106, 107
奥州街道（奥州道中） ･････････････････ 14
横断歩道橋 ･････････････････････････ 80, 81
大路 ･･･････････････････････････ 13, 14, 15

太田圓三 ････････････････････････････ 174
置換工法 ･････････････････････････････ 90
オン・ランプ、オフ・ランプ ･･･････ 110, 112

カ行
開削トンネル工法 ･････････････････ 127, 132
街道 ･･････････････････････････ 12, 14, 16
街路 ･･････････････････････････････････ 24
街路事業 ･･････････････････････････････ 32
街路単独事業 ･･････････････････････････ 27
拡幅 ･･････････････････････････････････ 63
河川（水路）トンネル ･･････････････････ 123
片勾配 ････････････････････････････････ 63
樺島正義 ････････････････････････････ 174
下路橋 ･･･････････････････････････････ 154
環境影響評価（環境アセスメント）････ 33, 38, 40
環境影響評価準備書 ･････････････････････ 40
環境影響評価法 ･･････････････････････････ 38
環境影響評価方法書 ･･････････････････････ 39
環境基本法 ････････････････････････ 76, 77
環境空間比 ･････････････････････････････ 72
環境施設帯 ･････････････････････････････ 57
観光道路 ････････････････････････････ 22, 23
幹線道路 ･･････････････････････････････ 24
函体 ･････････････････････････････････ 134
緩和曲線長 ･････････････････････････････ 63
企業占用 ･･････････････････････････････ 82
軌道敷 ････････････････････････････････ 57
畿内 ･････････････････････････････ 14, 15
揮発油税 ･･････････････････････････････ 17
強化型防護柵 ･･････････････････････････ 119
橋脚 ････････････････････････････ 146, 147
挟さく ････････････････････････ 69, 192, 193
橋台 ････････････････････････････ 146, 147
橋長 ････････････････････････････ 146, 147
供用開始 ････････････････････････････ 32, 33
橋梁構造 ･･････････････････････････････ 58
行路差 ･････････････････････････････ 78, 79
曲線長 ････････････････････････････････ 62
曲率図 ････････････････････････････････ 63
漁港道 ････････････････････････････････ 19
切土 ･･･････････････････････････ 58, 59, 88, 89
切盛の均衡 ････････････････････････････ 88
均一料金制 ･･･････････････････････････ 116
杭基礎 ･･････････････････････････ 146, 147
食い違い交差 ･･･････････････････････ 68, 69
空間機能 ･･････････････････････････ 11, 54
区画街路 ･･････････････････････････････ 24

202

項目	ページ
躯体	146, 147
熊野古道	14
グランドアンカー	88, 89
クロソイド曲線	62, 63, 106, 107
ケーソン基礎	146, 147
計画交通量	54, 55
径間長	146
景観の日	186
桁橋	152, 153
眩光防止版	118, 119
減災（災害ミティゲーション）	200
現示	69
建築限界	57
県道	16, 84
公園道	20, 21
高規格幹線道路	104, 105
交差点	68
交差点立体交差	70, 71
甲州街道（甲州道中）	14
公衆用道路	84
鋼床版	147
鋼製支保工	138
合成床版	147
高性能鋼	150
剛性舗装	96
高速催眠現象（ハイウェイ・ヒプノーシス）	106
高速自動車国道	18, 21, 104, 105
高速道路	104, 105
構築路床	91
交通機能	11, 54
交通バリアフリー法	194
交通量調査	34
鋼板接着工法	143
高野街道	14
港湾法	19, 21
五街道	14
五畿七道	13, 15
国道	16, 84
コミュニティ・ゾーン	69, 192, 193
コミュニティ道路	22, 23, 192
コンクリート床版	146, 147
コンクリート舗装	92, 96, 180, 181
コンクリートラーメン橋	162
コントロールポイント	36, 58, 59, 108

サ行

項目	ページ
サービスエリア	114, 115
西海道	14, 15
載荷重工法	90
最小曲率半径	62
錯視	66, 67
サグ	64, 65
山陰道	15
山岳トンネル	123, 128
山岳トンネル工法	125, 138
暫定供用	71
サンドコンパクションパイル工法	90, 91
山陽道	14, 15
シールド機	130, 131
シールドタイプ	136
シールドトンネル工法	126, 130, 131
支間長	146, 148
視距	60, 61
事業の執行	32, 33
視線誘導標	184, 185
市町村道	18, 21
自転車道	56, 57
自転車歩行者道	56, 57
私道	20, 21
自動車 OD 調査	34
自動車税	17
自動車専用道路	24
地盤改良工事	90
遮音壁	78
社会資本整備重点計画法	17
斜張橋	163, 164, 165
車道	56, 57
遮熱性舗装	101
地山	88, 89
ジャンクション	70, 110, 111, 112
修繕	176
縦断曲線	64, 65
縦断勾配	64, 65
縦断線形	64
自由通路	30
住民参加のはしご	42
宿場	14
樹脂系舗装	92, 93, 183
小路	13, 14, 15
床版	146, 147
上路橋	154
植樹帯	57
ショッピング・モール	22, 23
シルクロード	12
新・バリアフリー法	194
新交通管理システム	198, 199
新交通システム	25, 27, 196
振動	76, 78, 79
振動締固め工法	90
新道路整備五カ年計画	17
森林法	19, 21
垂直材付ワーレントラス	155
水底トンネル	123
スクリーニング	38, 39
スコーピング	39
すべり支承	169
スマートインターチェンジ	112
スリップフォーム工法	97, 98

203

生活道路整備事業	48
制震ダンパー	169, 170
制動停止視距	60
関所	14, 16
積層ゴム支承	169, 170
施工計画書	86
設計基準交通量	54, 55
設計自動車荷重	55
設計車両	55
設計変更	86, 87
セットフォーム工法	97, 98
繊維シート接着工法	143
全国道路標識週間	186
全断面工法	128
専用自動車道	19, 21
戦略的環境アセスメント	40, 41
騒音	76, 77, 78, 79
騒音規制法	76, 77
総合評価落札方式	87
総幅員	147
粗粒度アスファルト混合物	94, 95

タ行

ターミナルチャージ	116
第1次道路改良計画	16
対距離料金制	116
タイヤローラ	94, 95
大粒径アスファルト舗装	101
タイル舗装	93
縦目地	99
たわみ性舗装	94
団結工法	90, 91
段差防止構造	168
弾力性舗装	93
地域高規格道路	104, 105
地下横断歩道	80
中央帯	56
中温化舗装	101
中路	13, 14, 15
中心杭（赤色）	46
長距離逓減制	116
沈埋トンネル工法	127, 134, 135
ツイニング	108, 109, 189
土留め開削工法	132, 133
吊橋	166
停車帯	56, 57
低騒音舗装	100
出来形	86
鉄道トンネル	123
転圧	88
転圧コンクリート版	97, 98
電線共同溝整備事業	28
東海道	14, 15
凍結抑制舗装	101

東山道	14, 15
透水性舗装	101
道路アセット・マネジメント	33
道路運送法	19, 21
道路改良、道路改良事業	48
道路計画	32, 33
道路事業	32
道路指定	18
道路使用許可	83, 86
道路整備五カ年計画	17
道路整備特別措置法	17, 116
道路占用許可	82, 83
道路特殊改良事業	48, 49
道路特定財源制度	17
道路トンネル	123
道路認定	18
道路の区分	54
道路の占用	82
道路付属施設	74, 75
道路法	16, 18, 21, 32
特殊街路	24
特定森林地域開発林道（スーパー林道）	19
土系舗装	93
都市計画道路	24
都市景観の日	186
都市再開発事業	27
都市トンネル	123
土地区画整理事業	27
都道府県道	18, 21
登坂車線	106, 107
土木の日	186
トラス橋	154, 155, 156
トランジットモール	23, 196, 197
トンネル構造	58, 59
トンネルボーリングマシーン	136

ナ行

中山道（中仙道）	14
鉛プラグ入りゴム支承	169, 170
南海道	15
軟弱地盤	90, 91
ニールセン・ローゼ橋	158
日光街道（日光道中）	14
日本国道路元標	14
日本橋	14, 174
ニューマチックケーソン工法	174
認定道路	18
農道	18, 19, 21
農免道路	19, 21
農林漁業用揮発税	19
法面	88, 89

ハ行

パーキングエリア	114

204

パークウェイ	120	目地	98, 99
パーソントリップ調査	34, 35, 36	免震支承	169
バーチカルドレーン工法	90, 91	盛土	58, 59, 88, 89
ハープタイプ	164	モノレール	25, 196
排水性舗装	100	モノレール道等整備事業	27
ハウトラス	155	門形ラーメン橋	161

ヤ行

矢板、矢板工法	138, 139
矢切函渠	127
有料道路	116
有料道路制度	17
ユニバーサルデザイン	194
用地幅杭（青色）	46
横収縮目地	99
余盛り	88

パブリックインボルブメント（PI）	42
バリアフリー基準	194
バリアフリー新法	81
ハンプ	69, 192, 193
非常駐車帯	118, 119
表層処理工法	90, 91
費用便益比	28, 29, 59
費用便益分析	28, 29
ヒンジ式アーチカルバート工法	132, 133
ファンタイプ	164, 165
フィーレンディール橋	161
フェアリング	171
幅員	147
副道	57
普通コンクリート版	96, 97, 98
覆工	129, 142
物資流動調査	34, 36
プラットトラス	155
ブロークンバックカーブ	67
ブロック系舗装	92, 93, 182
平面交差点	68, 69
平面線形	62
変位制限構造	168
法切り開削	132
防災の日、防災週間	186
方杖ラーメン橋	161
ポーラスアスファルト舗装	182
北陸道	14, 15
歩車共存道路	22
補修	176
補助ベンチ付全断面工法	128
保水性舗装	101
ポストコーン	184
歩道	56, 57
本線直結型	112, 113
ポンピング現象	180

ラ行

ラーメン橋	160, 161, 162
ライトレール	196, 197
ライフサイクル	176, 177
ライフサイクルコスト	148, 176, 177
ラウンティング	189
ラジアルタイプ	164
落橋防止構造、落橋防止システム	168
ランガー橋	158
ランプウェー	110
立体横断施設	80, 81
立体交差	70
立体線形	66, 67
里道	16, 21, 84
リフレクションクラック	180, 181
臨港道路	19, 21
林道	18, 19, 21
連続鉄筋コンクリート版	96, 97, 98
連続ラーメン橋	161
連続立体交差事業	27, 50, 51, 70
ローゼ橋	158, 159
ロードキル	190, 191
ローマ道	13, 102
路肩	56, 57
路床改良工事	91
ロマンティック街道	13
路面温度上昇抑制舗装	101
路面電車停留場	57

マ行

マカダム舗装	102
マカダムローラ	94, 95
撒出し	88
身近なまちづくり支援街路事業	27
ミチゲーション	190, 191
道の日	186
密粒度アスファルト混合物	94, 95
緑資源幹線林道	19
みなし道路	20
めがねトンネル	125

ワ行

ワークショップ	44
ワーレントラス	154, 155
ワトキンス	16

205

■写真提供

ショーボンド建設株式会社／独立行政法人森林総合研究所森林農地整備センター／大成ロテック株式会社／東京都建設局／独立行政法人土木研究所新材料チーム／富山ライトレール株式会社／西山芳一（土木写真家）／日光市日光総合支所観光課／NEXCO東日本／PANA通信社／北海道技建株式会社／武蔵野市

■参考文献（順不同）

『道路構造令の解説と運用』社団法人日本道路協会　丸善　2004　／『道路の計画と設計　交通工学実務双書5』武部健一　技術書院　1988　／『道路交通技術必携2007』社団法人交通工学研究会　2007　／『道路の線形と環境設計』ハンス・ローレンツ著／中村英夫・中村良夫編訳　鹿島出版会　1976　／『道路工学通論　日本まちづくり協会編』技術書院　2001　／『トンネル標準仕方書・同解説　土木学会トンネル工学委員会編』社団法人土木学会　2006　／『道路橋仕方書・同解説 (V 耐震設計編)』社団法人日本道路協会　丸善　2002　／『道路橋支承便覧　社団法人日本道路協会』丸善　2004　／『土木鋼構造物の点検・診断・対策技術 (2009年版)』社団法人日本鋼構造協会　技報堂　2009　／『新版日本の橋—鉄・鋼橋のあゆみ—』社団法人日本橋梁建設協会編　朝倉書店　2004　／『橋梁工学』長井正嗣著　共立出版　1995　／『街路の景観設計』社団法人土木学会編　技報堂出版　1985　／『交通工学ハンドブック』社団法人交通工学研究会編　技報堂出版　2008　／『交通工学』飯田恭敬著　国民科学社（オーム社）　1992　／『新・都市計画概論 (改定第2版)』加藤晃・竹内伝史編著　共立出版　2006　／『都市交通計画 (第2版)』新谷洋二編著　技報堂出版　2003　／『駅前広場計画指針—新しい駅前広場計画の考え方』社団法人日本交通計画協会編・建設省都市局都市交通調査室　技報堂出版　1998　／『道路工事現場工務ハンドブック』社団法人日本道路建設業協会　2004　／『道路土工要綱』社団法人日本道路協会　1989　／『道路土工軟弱地盤対策工指針』社団法人日本道路協会　丸善　1986　／『舗装設計施工指針〈改訂版〉』社団法人日本道路協会　丸善　2006　／『舗装施工便覧〈改訂版〉』社団法人日本道路協会　丸善　2006　／『インターロッキングブロック舗装設計施工要領』社団法人インターロッキングブロック舗装技術協会　2000　／『道路の移動円滑化整備ガイドライン』財団法人国土技術研究センター編　大成出版社　2008　／『道の環境学』鈴木敏著　技報堂出版　2000　／『エコロード・生物にやさしい道づくり』亀山章著　ソフトサイエンス社　1997　／『なるほど知図帳・世界に誇る日本の建造物　現代日本を創ったビッグプロジェクト』窪田陽一・西山芳一編著　昭文社　2007

■著者紹介

窪田陽一（くぼたよういち）

1980年東京大学大学院工学系研究科博士課程を修了。工学博士。現在、埼玉大学大学院理工学研究科教授。国土交通省他各種行政機関委員を歴任。2002年『与野本町駅西口広場景観設計』（共同作品）で（社）土木学会デザイン賞受賞。『街路の景観設計』（共著／技報堂出版／日刊工業新聞社科学技術図書文化賞優秀賞受賞）他著書多数。
【執筆担当：第1章、2-5、2-6、2-7、第5章、9-5、9-6、各章のコラム】

久保田 尚（くぼたひさし）

1982年横浜国立大学工学部土木工学科卒業。1984年東京大学大学院工学系研究科都市工学修士課程修了。1988年東京大学大学院工学系研究科都市工学博士課程修了。工学博士。現在、埼玉大学大学院理工学研究科教授。専門は地区交通計画、都市交通計画。著書に、『鎌倉の交通社会実験』（到草書房）、『公共空間としての街路、岩波講座：都市の再生を考える7 公共空間としての都市』（岩波書店）などがある。
【執筆担当：9-3、9-4】

奥井義昭（おくいよしあき）

1985年埼玉大学大学院理工学研究科修士課程修了。現在同大大学院理工学研究科教授。専門は構造工学、応用力学。2007年に土木学会田中賞（論文部門）を受賞。著書に『Continuum models for materials with microstructure, Wiley & Sons』（共著）がある。
【執筆担当：第7章】

水野政純（みずのまさずみ）

1983年東京農業大学農学部卒業後、大成道路㈱入社。現在、大成ロテック㈱営業企画推進部部長代理。技術士（建設部門・総合技術監理部門）。著書に『舗装工学ライブラリー5 街路における景観舗装―考え方と事例―』（共著）（土木学会）。
【執筆担当：第4章、第8章】

横澤圭一郎（よこざわけいいちろう）

1975年3月千葉工業大学土木工学科卒業。同年4月に（社）日本建設機械化協会施工技術総合研究所に入所。現在、研究第一部部長。入所後から35年間、主に山岳トンネルの調査、設計、施工に携わる。主なトンネルとしては、鷲羽山トンネル・舞子トンネル、関越トンネル、飛騨トンネルなどがある。
【執筆担当：第6章】

深堀清隆（ふかほりきよたか）

1997年埼玉大学大学院理工学研究科生物環境科学専攻修了。現在、同大学大学院理工学研究科准教授。専門は景観工学。人間の景観認識に関わる研究や地域の景観づくりに関わる活動に従事している。
【執筆担当：2-3、2-4、3-7、3-10、3-12、9-1、9-2、9-7】

坂本邦宏（さかもとくにひろ）

1993年埼玉大学工学部卒業。現在、同大学大学院理工学研究科准教授。博士（工学）。専門は都市交通計画。2004年に日本都市計画学会「論文奨励賞」を受賞。著書（共著）に、『平面交差点の計画と設計 - 応用編 -2007』（交通工学研究会）、バスサービスハンドブック（土木学会）などがある。
【執筆担当：2-1、2-2、3-1、3-2、3-3、3-4、3-5、3-6、3-8、3-9、3-11、3-13、3-14】

●装　　　丁	中村友和（ROVARIS）	
●編　集＆DTP	株式会社パルスクリエイティブハウス	
	（安永敏史、桂山奈々、福島みか）	
●作図＆イラスト	星野ちなみ、片庭　稔	

しくみ図解シリーズ
道路が一番わかる

2009年11月25日　初版　第1刷発行
2024年6月15日　初版　第7刷発行

著者／監修　窪田陽一
著　　者　　久保田　尚、奥井義昭、水野
　　　　　　政純、横澤圭一郎、深堀清隆、
　　　　　　坂本邦宏
発　行　者　片岡　巖
発　行　所　株式会社技術評論社
　　　　　　東京都新宿区市谷左内21-13
　　　　　　電話
　　　　　　03-3513-6150　販売促進部
　　　　　　03-3267-2270　書籍編集部
印刷／製本　株式会社加藤文明社

定価はカバーに表示してあります

本書の一部または全部を著作権法の定める範囲を超え、無断で複写、複製、転載、テープ化、ファイル化することを禁じます。

©2009　窪田陽一、久保田　尚、奥井義昭、水野
　　　　政純、横澤圭一郎、深堀清隆、坂本邦宏

造本には細心の注意を払っておりますが、万一、乱丁（ページの乱れ）や落丁（ページの抜け）がございましたら、小社販売促進部までお送りください。　送料小社負担にてお取り替えいたします。

ISBN978-4-7741-4005-6 C3051

Printed in Japan

本書の内容に関するご質問は、下記の宛先まで書面にてお送りください。お電話によるご質問および本書に記載されている内容以外のご質問には、一切お答えできません。あらかじめご了承ください。

〒162-0846
新宿区市谷左内町21-13
株式会社技術評論社　書籍編集部
「しくみ図解」係
FAX：03-3267-2271